生态环境产教融合系列教材

U0887130

环境宣教项目策划

主　编　王　微　胡万鹏　张莉莉　曹聪颖

副主编　杜少中　马少思　周海霞　刘未希　贾钧滟

中国环境出版集团·北京

图书在版编目（CIP）数据

环境宣教项目策划 / 王微等主编 ; 杜少中等副主编. 北京 : 中国环境出版集团, 2025. 7. -- (生态环境产教融合系列教材). -- ISBN 978-7-5111-6301-1

Ⅰ. X-4

中国国家版本馆 CIP 数据核字第 2025DY0497 号

内容简介

本书以生态环境宣教活动为重点，详细介绍了环境宣教理论、环境宣教人员要求、环境宣教策划设计以及环境宣教项目管理等知识，全面贯彻以环境保护优化经济发展，以环境友好促进社会和谐，以环境文化丰富精神文明的理念。

本书的特点是理论与实践相结合，经典知识与研究创新相结合。本书可作为生态环境宣教相关专业的教材，也可以作为环境新闻从业人员的参考书及管理人员的培训用书。

责任编辑 史雯雅
封面设计 宋 瑞

出版发行 中国环境出版集团
（100062 北京市东城区广渠门内大街 16 号）
网 址：http://www.cesp.com.cn
电子邮箱：bjgl@cesp.com.cn
联系电话：010-67112765（编辑管理部）
010-67113412（第二分社）
发行热线：010-67125803，010-67113405（传真）
印 刷 北京中科印刷有限公司
经 销 各地新华书店
版 次 2025 年 7 月第 1 版
印 次 2025 年 7 月第 1 次印刷
开 本 787×1092 1/16
印 张 8.25
字 数 172 千字
定 价 42.00 元

【版权所有。未经许可，请勿翻印、转载，违者必究。】
如有缺页、破损、倒装等印装质量问题，请寄回本集团更换。

中国环境出版集团郑重承诺：
中国环境出版集团合作的印刷单位、材料单位均具有中国环境标志产品认证。

生态环境产教融合系列教材编委会

主　任：李晓华（河北环境工程学院）

副主任：耿世刚（河北环境工程学院）

张　静（河北环境工程学院）

编　委：（按姓氏汉语拼音排序）

曹　宏（河北环境工程学院）

崔力拓（河北环境工程学院）

杜少中（中华环保联合会）

杜一鸣［金色河畔（北京）体育科技有限公司］

付宜新（河北环境工程学院）

高彩霞（河北环境工程学院）

冀广鹏（北控水务集团有限公司）

纪献兵（河北环境工程学院）

靳国明（企美实业集团有限公司）

李印杲（东软教育科技集团有限公司）

潘　涛（北京泷涛环境科技有限公司）

王喜胜（北京京胜世纪科技有限公司）

王　政（河北环境工程学院）

薛春喜（秦皇岛远中装饰工程有限公司）

殷志栋（河北环境工程学院）

张宝安（河北环境工程学院）

张军亮（河北环境工程学院）

张利辉（河北环境工程学院）

赵文英（河北正润环境科技有限公司）

赵鱼企（企美实业集团有限公司）

朱溢镕（广联达科技股份有限公司）

生态环境产教融合系列教材

总　序

培养大批应用型人才是贯彻落实党中央、国务院关于教育综合改革决策部署的必要之举，产教融合是高等学校培养应用型人才的必由之路。2017 年，国务院办公厅印发《关于深化产教融合的若干意见》（国办发〔2017〕95 号），明确要求深化职业教育、高等教育等改革，发挥企业重要主体作用，促进人才培养供给侧和产业需求侧结构要素全方位融合，培养大批高素质创新人才和技术技能人才。深入推进产教融合在解决教育链与产业链脱节问题，将最新理论和技术落实落地，打破产业发展瓶颈，提升高校应用型人才培养质量等方面具有重要意义。

教材作为知识的载体，体现了人才培养目标的要求，是开展教学的基本工具，更是人才培养质量的重要保证。面对应用型人才培养的要求，教材改革迫在眉睫。目前在应用型人才培养过程中普遍缺乏合适的教材，往往借用原有的普通本科教材，其教学要求、教学内容和教学模式，都不适用于强调实践能力的应用型人才培养，难以实现应用型人才的培养目标；有些应用型教材地域性过于明显，或不成体系，限制了学生对行业整体性的了解。因此，面对行业产业需求，将专业教育链与对应的产业链有机衔接，编写兼具适用性和实用性的应用型系列教材非常迫切，并具有重要的现实意义。

党的二十大提出建设人与自然和谐共生的现代化。2023 年 12 月中共中央、国务院印发《关于全面推进美丽中国建设的意见》，明确了要加快形成以实现人与自然和谐共生现代化为导向的美丽中国建设新格局。贯彻落实习近平生态文明思想，加快形成绿色低碳生产生活方式，把建设美丽中国转化为社会行为自觉，已成为新时代发展的必然趋势。高等学校是人才培养、文化传承的重要阵地，在美丽中国建设中，要承担起培养生态文明建设人才、传播习近平生态文明思想、提高全民生态文明素质的重任。面对生态文明建设的新形势和美丽中国建设的明确要求，培养适应生态文明建设需要的应用型、复合型、创新型人才非常迫切。因为生态环境问题的交叉性、系统性和复杂性，在各行各业、生产生活各领域都存在生态环境问题，所以生态环境问题的解决不是某一个行业的事情。这样就使生态环境人才的培养具有两方面特点：一方面具有鲜明的应用型特点，要能够解决各行各业、各个领域的环境问题；另一方面具有交叉复合型特点，培养生态环境人才不仅仅是生态环境类专业独有的任务。因此，高等学校要站在将生态文明建设纳入“五位一体”总体布局的高度，将专业人才培养链与行业产业的生态环境需求有机衔接，培养生态文明建设需要的应用型人才。所以，开发针对各行各业生态环境问题的产教融合系列教材迫在眉睫。

河北环境工程学院前身是中国环境管理干部学院，由中国环保事业的奠基者曲格平先生创建，是中国最早开展环境教育的高校之一。建校 40 余年来，学校历经环保干部轮训、环保局长岗位培训、成人高等教育、高职教育、本科教育，为环保事业源源不断地输送了大批中坚和骨干力量。学校在我国环保事业发展的各个阶段都发挥了重要作用，其发展历程见证了中国环境保护事业的发展历程，长期以来被誉为环保系统的“黄埔军校”。近几年，学校坚持应用型办学定位，以绿色低碳高质量发展需求为导向，优化学科专业结构，建设与行业产业需求有机衔接的专业集群；以产教融合为人才培养主要路径，建立产教融合协同育人的有效机制；以培养高素质应用型人才为根本目标，建立“跨学科交叉、校政企共育共管、多元协同促教”的应用型人才培养模式，改革课程体系和教育教学方法。其中，以课程建设为突破口，以产教融合应用型教材开发为抓手，针对生态环境类专业，梳理生态环保行业的需求，校企合作编写应用型教材；针对非生态环境类专业，梳理其对应的行业产业相应的绿色低碳发展需求，跨学科、跨行业校企合作开发相关教材。通过几年的实践探索，校企合作开发了这套生态环境产教融合系列教材，以期解决高等学校生态环境应用型人才培养缺乏适用教材的问题。

本系列教材以习近平生态文明思想为指导，坚持绿色低碳发展理念，覆盖多学科门类和行业产业领域，具有鲜明的生态环境特色。系列教材中的环境类专业课程教材，直接与生态环境保护产业链相关领域结合，培养服务生态环保行业的应用型人才；系列教材中的非环境类专业课程教材，针对其行业产业链中存在的生态环境相关问题，有针对性地将绿色低碳理念融入教材教学内容，为学生奠定坚实的生态文明职业素养。在具体的教材建设环节，成立了由高校“双师型”教师及行业企业一线具有丰富生产经验的专家组成的教材编写组，充分发挥校企合作双主体优势，立足于企业现实岗位中的具体工作过程，采取案例式、任务式、项目式教学设计模式，将企业先进的生产技术、管理理念和课程思政等教育元素融入教材，真正实现教材内容与企业具体岗位的需要全面融合，全方位保证了教材的适应性。本系列教材填补了全国生态环境产教融合应用型系列教材的空白，可供各普通本科院校、职业院校的生态环境类专业学生使用；同时，非生态环境类专业但开设与生态环境相关课程的，也可选取系列教材中相关的教材使用。

前　言

21 世纪的今天，环境问题已经成为全球共同面临的重大挑战，它不仅关系到自然生态的平衡，还直接影响人类社会的可持续发展与未来福祉。随着工业化和城市化的加速推进，环境污染、资源枯竭、生态退化等问题日益凸显，这些问题不仅威胁人类的生存环境，也对经济发展和社会稳定构成了严峻挑战。因此，提升公众的环保意识，促进社会各界对环境问题的深入认识和积极行动，已成为当前亟待推进的重要任务。正是在这样的背景下，《环境宣教项目策划》这本教材应运而生，旨在为环境教育工作者、环保组织、政府部门以及所有关心环境保护的人士提供一套全面、系统、实用且具有高度实践性、可操作性的环境宣传教育项目策划指南。

本书的核心目标是帮助读者掌握环境宣教项目策划的基本理论、方法与实践技能，并确保这些技能能够直接应用于实际工作中，产生实效。我们深知，有效的环境宣教不仅能够激发公众对环境问题的关注与思考，还能引导人们采取积极行动，共同参与到环境保护的伟大事业中来。因此，本书从项目策划的基本原理出发，结合国内外环境宣教的成功案例，深入浅出地阐述了如何设计、实施与评估一个成功的环境宣教项目，同时特别强调了实践性和可操作性。

在内容编排上，我们力求做到理论与实践相结合，既注重理论知识的系统性，又强调实践操作的实用性。本书采用项目-任务的新型章节编排形式，全书包括三个项目。项目一　生态守护：环境宣教概述。主要包括新时代的生态环境保护宣传教育与环境宣教工作组织架构和队伍建设。项目二　环境宣教项目总体策划与设计。主要包括环境宣教项目的类别、总体策划和主题的确定、环境宣教的手段与方法以及环境宣教项目文案。项目三　项目管理实务。主要包括环境宣教活动运营管理概述、环境宣教组织、进度安排和时间管理、财务管理、现场管理等。

我们相信，通过本书的学习，读者将能够具有环境宣教项目策划的核心能力，无论是在学校、社区、企业还是政府机构，都能有效地开展环境宣传教育活动，为推动全社会的环境保护意识提升与环境保护行动贡献自己的力量。同时，我们也期待本书能够激发更多有志于环境事业的人士加入这一伟大的事业中来，携手为守护我们美丽的地球家园贡献力量。

最后，我们要感谢所有为本书撰写内容、提供案例、审阅稿件和给予支持的专家和同人们。正是有了他们的辛勤付出和无私奉献，才使本书得以顺利出版。我们衷心希望本书能够成为广大读者的良师益友，可以与大家一起在环境保护的道路上携手前行，共创美好未来。

编　者

2024 年 10 月

目 录

项目一　生态守护：环境宣教概述

【学习目标】

1. 了解环境宣教活动的概念及特征;
2. 掌握环境宣教活动的发展历史;
3. 熟悉环境宣教工作人员的职业要求。

任务一　新时代的生态环境保护宣传教育

一、环境宣教的含义和必要性

（一）环境宣教的含义

生态环境保护宣传教育是指针对环境保护、资源利用、生态建设等方面的知识，通过各种宣传手段和教育活动，使社会公众、学生、企业等群体了解和认识生态环境问题，增强生态环境保护意识，促进生态文明建设的一种活动。生态环境保护宣传教育在本书中均简称为环境宣教。

在现代社会，随着工业化、城市化等进程的加快，环境污染、生态破坏等问题越来越严重，给人们的生活和健康带来了严重的威胁。因此，开展环境宣教显得十分重要。通过电视、广播、网络、报刊等各种媒体，可以向公众传播生态环境保护知识、宣传生态环境保护法律法规，引导人们落实生态环境保护责任，共同保护环境。

在学校里，可以开展生态环境保护主题班会、生态环境保护知识讲座、生态环境保护实践活动等形式的教育，让学生了解生态环境保护的重要性，培养其生态环境保护意识和生态环境保护行为习惯。同时，可以利用校园的绿地等植被，引导学生亲近大自然，感受自然之美，了解和认识生态系统。

对于企业而言，生态环境建设是其可持续发展的基础。通过开展环境宣教，引导企业树立可持续发展理念，落实生态环境保护责任，采取节能减排、资源合理利用等措施，促进企业绿色发展。

总之，环境宣教是一项长期的工作，需要全社会共同参与，通过持续不断的宣传教育，形成共同的生态环境保护文化，推动生态文明建设。

（二）开展环境宣教的必要性

现如今，我国的生态环境问题越来越明显，为了保护我们的生态环境，就要开展一系列的环境宣教活动，提升大家的生态环境保护知识与理念水平。开展环境宣教活动的必要性有：

1）有利于建设资源节约型、环境友好型社会，实现可持续发展。

2）有利于增强节约资源和保护环境的意识，逐步规范公众的行为，培养良好的伦理道德规范，促进形成良好的社会风尚，指导公众实行可持续的消费，鼓励公众购买和使用“绿色产品”。逐步将保护环境、改善生态、合理利用与节约各种资源的意识和行动渗透到日常生活之中。

3）有利于增强投资吸引力和经济竞争力，实现转型跨越。

4）逐步形成公众参与机制，及时了解公众的环境意识状况及其变化趋势。为公众参与重大项目决策的环境监督和咨询提供必要的条件、机会和场所。引导公众积极参与生态环境保护公益活动，为保护环境做好事、做实事，从现在做起，从自己做起，从身边做起。

5）有利于推动城市的精神文明建设，环境保护要作为创建文明城市的条件之一。

6）关系到中华民族伟大复兴。

【生态环境保护科普】

德国是世界上第一个发起环境标志的国家，其环境标志是蓝色天使标志。加拿大的环境标志由 3 只鸽子组成，象征 3 个主要的环境保护参加者——政府、产业、商业。日本的生态标志符号是两只手环抱世界，手臂拼成环境英文缩写“E”，意味着“环境、地球、生态”。北欧的环境标志则用绿色背景下的北欧委员会的白色天鹅来象征。

二、环境宣教的社会功能和具体措施

宣传教育工作作为生态环境保护的重要组成部分，在生态环境保护过程中发挥着重要的作用，宣传教育的开展能够推动我国生态环境保护事业的发展，开拓了生态环境保护事业的新局面，让生态环境保护工作能够更好地为国家建设服务，为人民营造良好的生活环境。

新时期生态环境保护工作迎来了新的要求与挑战，共建生态文明与友好型环境成为生态环境保护工作的新任务，应积极做好环境宣传工作，并根据新形势的变化，不断调整生态环境保护工作，提高适应能力。加大环境宣教力度，为新时期生态环境保护工作的顺利开展建设良好的宣传平台。

（一）环境宣教的社会功能

环境宣教，作为推动环境保护事业发展的重要手段，承担着提升公众环保意识、传播环保文化、引导环保行为等多重任务。其社会功能不仅体现在对个体环保素养的提升上，更在于对整个社会环境文化的塑造与推广。

1. 提升公众环保意识

环境宣教的首要社会功能是提升公众的环保意识。环保意识是人们对环境保护的认知、态度和行为的总和，是推动环保行动的基础。通过环境宣教，公众能够了解到环境问题的严峻性、紧迫性以及个人行动的重要性。具体表现为：

普及环保知识。环境宣教通过各种渠道和形式，如新闻媒体、社区活动、学校教育等，向公众普及环保知识，包括环境污染的来源、危害、治理方法等。这些知识的普及有助于公众形成对环境保护的全面认识，从而激发其保护环境的责任感。

强化环保态度。环境宣教通过宣传环保理念、展示环保成果、表彰环保先进等方式，强化公众的环保态度。当公众看到环保行动带来的积极变化时，会更加坚定地支持并参与环保事业。

引导环保行为。环境宣教不是仅停留在知识和态度的层面，更重要的是引导公众将环保理念转化为实际行动。通过提供环保指南、推广环保产品、组织环保活动等方式，环境宣教鼓励公众从日常生活做起，采取节能减排、垃圾分类、绿色出行等环保行为。

2. 传播环保文化

环境宣教在提升公众环保意识的同时，也在传播着一种独特的环保文化。这种文化强调人与自然的和谐共生，倡导绿色、低碳、循环的生活方式。具体表现为：

弘扬生态价值观。环境宣教通过宣传生态价值观，如尊重自然、顺应自然、保护自然等，引导公众形成正确的生态价值观。这种生态价值观不仅有助于提升公众的环保意识，还能促进人与自然的和谐共生。

推广绿色生活方式。环境宣教通过展示绿色生活的美好图景，如低碳出行、绿色饮食、节能居住等，鼓励公众采取绿色生活方式。这种生活方式的推广不仅有助于减少环境污染和资源消耗，还能提升公众的生活质量和幸福感。

构建环保社会氛围。环境宣教通过广泛的宣传和教育活动，构建了一种浓厚的环保社会氛围。在这种氛围中，环保行为受到鼓励和赞扬，环保理念得到广泛传播和认同。这种氛围的形成有助于推动环保事业的深入发展。

3. 促进环保政策实施

环境宣教在推动环保政策实施方面发挥着重要作用。通过宣传环保政策的目标、措施和成效，环境宣教能够增强公众对政策的认同感和支持度，从而促进政策的顺利实施。具体表现为：

解读环保政策。环境宣教通过及时、准确地解读环保政策，帮助公众了解政策的内容、目的和意义。这种解读有助于消除公众的疑虑和误解，增强其对政策的信任和支持。

展示政策成效。环境宣教通过展示环保政策实施取得的成效，如空气质量改善、水质提升、生态修复等，增强公众对政策的信心。这些成效的展示有助于激发公众参与环保行动的积极性。

反馈政策问题。环境宣教还承担着反馈环保政策实施过程中存在的问题和不足的任务。通过收集公众的意见和建议，环境宣教能够及时发现政策执行中的问题，为政策的调整和完善提供参考。

4. 推动环保产业发展

环境宣教在推动环保产业发展方面也发挥着积极作用。通过宣传环保产业的重要性和发展前景，环境宣教能够吸引更多的资本、技术和人才投入环保领域，从而推动环保产业的快速发展。具体表现为：

展示环保产业成果。环境宣教通过展示环保产业的最新成果和技术创新，提升公众对环保产业的认知和兴趣。这些成果的展示有助于激发公众的环保创新热情，推动环保技术的不断进步。

推广环保产品和服务。环境宣教通过推广环保产品和服务，如绿色建材、节能设备、环保咨询等，引导公众接纳环保产品和服务。这种推广不仅有助于提升环保产业的市场份额，还能促进环保产业的持续健康发展。

培育环保市场需求。环境宣教通过宣传环保理念和生活方式，培育公众的环保市场需求。当公众对环保产品和服务的需求不断增加时，将推动环保产业的快速发展和壮大。

5. 促进国际合作与交流

环境问题是全球性问题，需要各国共同努力解决。环境宣教在促进国际合作与交流方面也发挥着重要作用。具体表现为：

传播国际环保理念。环境宣教通过传播国际环保理念和实践经验，增进各国之间的了解和互信。这种传播有助于推动形成全球环保共识，为国际合作奠定基础。

展示中国环保成就。环境宣教通过展示中国在环保领域取得的成就和经验，提升中国的国际形象和影响力。这种展示有助于增强国际社会对中国环保事业的认可和支持。

推动国际环保合作。环境宣教通过推动国际环保合作项目、交流活动和研讨会等，促进各国在环保领域的合作与交流。这种合作与交流有助于共同应对全球环境问题，推动全球环保事业的深入发展。

6. 构建环保教育体系

环境宣教在构建环保教育体系方面也发挥着关键作用。通过整合教育资源、创新教育方式和方法，环境宣教能够形成一套完整的环保教育体系，为培养具有环保素养的人才提供有力保障。具体表现为：

整合教育资源。环境宣教通过整合学校、社区、企业等多方面的教育资源，形成多元化的环保教育网络。这种整合有助于实现教育资源的优化配置和共享利用。

创新教育方式。环境宣教通过创新教育方式和方法，如案例教学、互动教学、实践教学等，提升环保教育的针对性和实效性。这些创新的教育方式有助于激发学生的学习兴趣和参与度。

培养环保人才。环境宣教通过培养具有环保素养的人才，为环保事业的发展提供智力支持和人才保障。这些人才将成为推动环保技术创新、政策制定和实施的重要力量。

7. 增强社会凝聚力

环境宣教在增强社会凝聚力方面也发挥着积极作用。通过共同关注环境问题、参与环保行动，公众能够形成共同的价值观和归属感，从而增强社会的凝聚力和向心力。具体表现为：

形成共同关注点。环境宣教通过引导公众关注环境问题，形成共同的关注点。这种关注点的形成有助于激发公众的共鸣和认同感，增强社会的凝聚力。

促进公众参与。环境宣教通过组织各种形式的环保活动，如志愿服务、公益活动、环保竞赛等，鼓励公众参与环保行动。这些活动不仅有助于提升公众的环保意识，还能增强公众的归属感和责任感。

构建环保共同体。环境宣教通过构建环保共同体，将公众、政府、企业和社会组织等各方力量凝聚在一起，共同推动环保事业的发展。这种共同体的构建有助于形成强大的合力，推动环保事业的深入发展。

【知识延伸】

要发展中国的绿色技术和绿色产品，重要的是提高广大公众的绿色消费意识。要让公众认识到，生活之中处处有生态环境保护，节能、节水，回收利用包装材料，购买环境标志产品等都是在为生态环境保护做出贡献。

环境宣教的社会功能体现在多个方面，包括提升公众环保意识、传播环保文化、促进环保政策实施、推动环保产业发展、促进国际合作与交流、构建环保教育体系以及增强社会凝聚力等。这些功能的发挥不仅有助于推动环保事业的深入发展，还能为构建美丽中国、实现人与自然和谐共生的目标提供有力支撑。在未来的发展中，我们应继续加强环境宣教工作，不断创新教育方式和方法，提升宣教效果和质量，为推动我国环保事业的持续健康发展做出更大的贡献。

（二）环境宣教的具体措施

环境宣教工作是推进环境保护事业、增强公众环保意识、构建绿色社会的重要基石。为了更有效地提升环境宣教工作的成效，我们需要从多个维度出发，采取一系列具体且全面的措施。

1. 明确环境宣教目标，制订科学计划

我们必须明确环境宣教工作的总体目标，即提升公众的环保意识，促进环保行为的形成，以及推动环保政策的实施。在此基础上，我们需要制订科学、可行的宣教计划。这包括确定宣教的主题、内容、形式、时间、地点等要素，以及制定详细的执行步骤和评估标准。通过明确的目标和科学的计划，我们可以确保宣教工作有条不紊地进行，避免盲目性和随意性。

2. 加强队伍建设，提升宣教能力

环境宣教工作的成效在很大程度上取决于宣教队伍的专业素养和宣教能力。因此，我们需要加强宣教队伍的建设，提升其宣教能力。具体包括：

选拔优秀人才。选拔具有环保专业知识、良好沟通能力和创新思维的优秀人才加入宣教队伍。

定期培训。定期组织宣教人员进行专业培训，包括环保知识、宣教技巧、心理学等方面的培训，以提升其专业素养和宣教能力。

激励机制。建立合理的激励机制，对表现优秀的宣教人员给予表彰和奖励，激发其工作积极性和创造力。

3. 创新宣教形式，丰富宣教内容

为了吸引公众的注意力，提高宣教的吸引力，我们需要不断创新宣教形式，丰富宣教内容。具体包括：

多样化宣教形式。采用讲座、展览、演出、互动游戏、线上课程等多种形式进行宣教，以满足不同受众的需求和兴趣。

贴近生活的宣教内容。结合公众的生活实际，设计贴近生活的宣教内容，如垃圾分类、节能减排、绿色出行等，让公众在日常生活中感受到环保的重要性。

引入科技手段。利用虚拟现实（VR）、增强现实（AR）、大数据等现代科技手段，打造沉浸式宣教体验，提升宣教的趣味性和互动性。

4．加强媒体合作，拓宽宣教渠道

媒体是连接公众与环保信息的桥梁。为了拓宽宣教渠道，我们需要加强与媒体的合作。具体包括：

建立媒体合作机制。与主流媒体建立长期合作关系，定期发布环保信息和宣教活动，扩大宣教的覆盖面和影响力。

利用新媒体平台。充分利用微博、微信、抖音等新媒体平台，发布环保资讯、分享宣教活动、开展线上互动，吸引更多年轻受众的关注。

打造环保品牌节目。与电视台、广播电台等媒体合作，打造具有影响力的环保品牌节目，如环保纪录片、环保访谈、环保公益广告等，提升公众对环保事业的认知度和关注度。

5．深入基层社区，开展实地宣教

基层社区是公众生活的直接环境，也是环保行动的重要阵地。为了提升宣教工作的实效性，我们需要深入基层社区，开展实地宣教。具体包括：

组织社区宣教活动。在社区内定期举办环保讲座、展览等活动，让公众在家门口就能接触到环保知识和信息。

建立环保志愿者队伍。在社区内招募环保志愿者，组建环保志愿者队伍，开展环保宣传、垃圾分类指导、绿色出行倡导等志愿服务活动。

推广绿色生活方式。在社区内推广绿色生活方式，如绿色出行、绿色饮食、绿色居住等，引导公众养成绿色生活习惯。

6．强化政策引导，推动宣教落地

政策引导是推动宣教工作落地的重要保障。为了提升宣教工作的成效，我们需要强化政策引导，制定相关政策和措施。具体包括：

出台环保教育政策。制定和完善环保教育政策，将环保教育纳入国民教育体系，推动环保教育在各级各类学校的普及和深入。

制定环保激励政策。出台环保激励政策，对积极参与环保行动的个人和企业给予表彰和奖励，激发公众和企业参与环保事业的积极性和创造力。

加强环保法律法规宣传。加大对环保法律法规的宣传力度，提高公众对环保法律法规的认知度和遵守意识，推动环保法律法规的落地实施。

7．建立评估机制，持续改进宣教工作

我们需要建立科学的评估机制，对宣教工作的成效进行定期评估和改进。具体包括：

制定评估标准。根据宣教工作的目标和计划，制定具体的评估标准和方法，如受众满意度、活动参与度、媒体曝光度等。

开展定期评估。定期对宣教工作的成效进行评估和分析，发现问题和不足，提出改进措施和建议。

持续改进宣教工作。根据评估结果和公众反馈，不断调整和优化宣教工作的内容与形式，提升宣教工作的针对性和实效性。

【生态环境保护科普】

家庭噪声——看不见的污染

从生物学角度讲，一切令人不愉快的声音都是噪声。在人们越来越关心室外环境是否安静舒适的同时，也应关心一下居室内的声环境是否环保。据估测，家庭中使用的电视机、收录机产生的噪声可达 60 ~ 80 dB（A），洗衣机为 42 ~ 70 dB（A）。临床医学统计证明，若在 80 dB（A）以上的噪声环境中生活，有 50%的人会耳聋，85 dB（A）的噪声则会使人感到心烦意乱，工作效率下降。所以家庭居室中，应严格控制家用电器和其他发声器具的音量与运行时间。

三、环境宣教的历史与发展

环境宣教工作作为推动生态文明建设的重要手段，其历史与发展历程充满了探索与实践。从国际视野到国内实践，环境宣教在提升公众环保意识、促进绿色发展方面发挥了不可替代的作用。

（一）国际环境宣教的历史背景

国际环境宣教的历史可以追溯到 20 世纪 60 年代，随着全球环境问题的日益凸显，发达国家率先兴起了生态复兴运动，环境教育开始萌芽。1972 年，联合国在斯德哥尔摩召开了人类环境大会，这是人类历史上第一个在全球范围内研究保护人类环境的会议。会上，环境教育的概念得到了广泛讨论，为后续的国际环境教育运动奠定了基础。

同年，6 月 5 日被确定为世界环境日，成为联合国强化全球环境保护意识、提高对环境问题的认识并采取行动的主要媒介之一。此后，联合国环境规划署每年会选择一个成员国举行世界环境日宣传纪念活动，确定世界环境日主题，并发表有关世界环境状况的年度报告。这些主题如“只有一个地球”（1974 年）、“水，生命的重要源泉”（1976 年）、

“警惕全球变暖”（1989 年）等，都在全球范围内产生了巨大影响，深化了各国人民对相关主题的科学认识和共同行动。

环境宣教概念在国际上的正式确立是在1975年联合国教科文组织和环境规划署国际环境教育规划司召开的贝尔格莱德会议上。而环境宣教的目标和发展方向则在 1977 年第比利斯召开的国际环境教育大会上得到了进一步的明确和深化。此后，国际环境教育运动不断发展，成为推动全球环境保护事业的重要力量。

（二）我国环境宣教的发展历程

我国的环境宣教工作大致经历了萌芽和起步阶段、发展阶段及深化阶段。

1. 萌芽和起步阶段（1973—1982 年）

中华人民共和国成立后，随着工业化进程的加速，环境问题逐渐凸显。1973 年，我国召开了第一次全国环境保护会议，标志着我国环境保护事业的正式起步。在这一阶段，环境宣教工作主要处于萌芽状态，以宣传环境保护的基本知识和政策为主。

2. 发展阶段（1983—1991 年）

进入 20 世纪 80 年代，随着国家对环境保护工作的日益重视，环境宣教工作也开始进入发展阶段。1983 年，第二次全国环境保护会议将环境保护确立为基本国策，为环境宣教工作提供了有力的政策支撑。此后，国家环保局、教育部等部门相继出台了一系列政策文件，推动环境教育在基础教育中的普及。同时，各级政府和环保组织也积极开展各种形式的环保宣传活动，提高了公众的环保意识。

在这一阶段，我国的环境宣教工作逐渐形成了政府主导、社会参与的工作格局。通过举办环保知识讲座、展览、竞赛等活动，以及在学校开设环保课程等方式，有效地推动了环保知识的普及和环保意识的提升。

3. 深化阶段（1992 年至今）

1992 年，联合国环境与发展会议在巴西里约热内卢召开，会议提出了可持续发展的理念，对我国的环境宣教工作产生了深远影响。同年，国家教委与国家环保局联合召开第一次全国环境教育工作会议，提出“环境保护、教育为本”的方针，标志着我国环境教育进入了一个新的发展阶段。

此后，我国的环境宣教工作不断深化，逐渐形成了全方位、多层次的工作体系。一方面，政府继续加强环保法律法规的宣传和教育，推动环保知识的普及和环保意识的提升；另一方面，各级政府和环保组织也积极开展各种形式的环保实践活动，引导公众积极参与环保行动。

在这一阶段，我国的环境宣教工作还注重与国际社会的交流与合作。通过参与国际环保组织、举办国际环保会议等方式，我国的环境宣教工作逐渐与国际接轨，借鉴和吸收了国际先进的环保理念和教育经验。

（三）我国环境宣教的主要成就与经验

经过多年的努力，我国的环境宣教工作取得了显著成就，积累了丰富的经验。

1．主要成就

提升了公众的环保意识。通过广泛的环保宣传活动和教育实践，我国的公众环保意识得到了显著提升。越来越多的人开始关注环境问题，积极参与环保行动。

推动了环保法律法规的普及。政府加强了对环保法律法规的宣传和教育，使公众对环保法律法规有了更深入的了解和认识。这有助于增强公众的法治观念，推动环保法律法规的贯彻实施。

促进了绿色发展理念的传播。我国的环境宣教工作还注重传播绿色发展理念，引导公众树立绿色消费、绿色出行等绿色生活理念。这有助于推动经济社会的可持续发展。

加强了国际交流与合作。我国的环境宣教工作积极参与国际交流与合作，借鉴和吸收了国际先进的环保理念和教育经验。这有助于提升我国的环保教育水平，推动我国的环保事业与国际接轨。

2．主要经验

坚持政府主导、社会参与的工作格局。我国的环境宣教工作始终坚持政府主导、社会参与的工作格局。政府通过制定政策、规划项目等方式，为环境宣教工作提供有力的支持和保障；同时，鼓励社会组织、企业和公众积极参与环保行动，形成全社会共同参与的良好氛围。

注重宣传教育与实践活动的结合。我国的环境宣教工作注重宣传教育与实践活动的结合。通过举办各种形式的环保宣传活动、教育实践活动等，引导公众积极参与环保行动，将环保理念转化为实际行动。

加强与国际社会的交流与合作。我国的环境宣教工作积极参与国际交流与合作，借鉴和吸收了国际先进的环保理念和教育经验。这有助于提升我国的环保教育水平，推动我国的环保事业与国际接轨。同时，有助于增强我国的国际影响力和话语权。

注重创新宣教方式和手段。随着社会的不断发展和科技的进步，我国的环境宣教工作也开始注重创新宣教方式和手段。通过利用新媒体、互联网等现代科技手段，拓宽了宣教渠道和受众范围；同时，注重开发具有地方特色的环境宣教产品和服务，增强了宣教的针对性和实效性。

（四）未来展望

展望未来，我国的环境宣教工作将继续发挥重要作用，为推动生态文明建设、建设美国中国、实现可持续发展目标贡献力量。一方面，将继续加强环保法律法规的宣传和教育，深化公众的法治观念和环保意识；另一方面，也将注重传播绿色发展理念和生活方式，引导公众积极参与环保行动。同时，还将加强与国际社会的交流与合作，借鉴和吸收国际先进的环保理念和教育经验，不断提升我国的环保教育水平。

在新的历史阶段，我国的环境宣教工作将面临更多的挑战和机遇。只有不断创新宣教方式和手段、加强与社会各界的合作与交流、注重实效性和针对性等，才能更好地推动生态文明建设事业的发展。

【知识延伸】

为什么要推广使用无磷洗衣粉？

市场上销售的洗衣粉一般都使用磷酸钠作为助洗剂。洗涤后，含磷废水不断流入江河湖泊，造成蓝藻迅速生长，引起水体“富营养化”，鱼类及其他水生动物因缺氧死亡，直至水质变坏甚至发臭。高磷洗衣粉对皮肤有直接刺激，会使人产生燃烧疼痛的感觉，洗后的衣物穿在身上有时会造成皮肤瘙痒。因此，高磷洗衣粉已成为接触性皮炎、婴儿尿布疹、掌跖角皮症等常见皮肤病的刺激源。

四、新时代环境宣教的工作重点

环境宣教工作是保护生态环境、推动绿色发展、建设美丽中国的重要任务，环境宣教工作的效果将直接影响公众对生态环境保护的认知和行动。近年来，生态环境保护从理论到实践都发生了积极的重要转变，但环境宣教工作在某些方面还不够主动，不能适应形势需要，如组织引导群众参与生态环境保护的渠道不畅，吸引力、感染力不强，正确引导舆论力度不大。环境宣教面临新形势、新情况、新特点、新要求，需要全面提升面向社会开展工作的能力和水平。

（一）把握环境宣教工作的基本准则

环境宣教工作应紧紧围绕国家生态文明建设和环境保护的中心任务，服务大局，发挥正面引导作用。通过宣传教育，提高公众对环境保护的认识和重视程度，形成全社会共同参与环境保护的良好氛围。要有的放矢地研究制定宣传目标和举措，因势而谋，应势而动，顺势而为，主动引导社会舆论，积极回应公众关切，增进共识，提振信心，凝聚力量，为生态环境保护工作顺利推进营造良好舆论氛围。面对社会舆论环境的深刻变化，应主动设置议题，及时解疑释惑。在生态环境保护重大事件发生后或重大决策部署前，及时发声、准确发声、有效发声，抢占舆论制高点，让生态文明建设和环境保护成为全社会共同的价值追求和自觉行动。

（二）提升公民生态文明素质

1. 生态文明意识

公民生态文明意识的养成是生态文明建设的根本目标和关键所在，也是推进生态文明建设的重要途径和基本保证。公民生态文明意识是衡量一个国家或地区环境保护水平的最重要标志之一。只有大力培育全民族的生态文明意识，使人们对生态环境的保护转化为自觉的行动，才能解决生态环境保护的根本问题，才能为生态文明的发展奠定坚实基础。加强面向社会的环境宣教工作就成了深化群众路线教育实践活动的必然要求。

要想提升公民的生态文明意识，可以组织开展环境知识普及讲座、展览等，向公众传递生态环境问题的现实性和紧迫性。同时，还可以制作宣传材料，如海报、宣传册等，用直观的方式向公众展示环境问题的严重性，提升公众对生态环境的关注度。

2. 环境法治意识

要及时宣传法律法规中生态环境保护的相关要求和主体责任，提高公众对环境保护法律法规的守法意识。通过举办法律知识讲座、培训班等方式，向公众宣传环境保护法律法规，使公众充分认识到违法破坏生态环境的严重后果，并增强公众对环境保护的自觉性和主动性。

（三）合理利用多平台开展宣传工作

组织协调各级政府、单位、部门和社会团体支持并广泛参与环保宣传工作，建立联动机制，用好用足优质社会宣传资源，形成推动环保宣传工作的合力。把环境保护宣传工作融入经济、政治、文化、社会建设的各个方面。要充分利用好党报、党刊、通讯社、电台、电视台等传统主流媒体渠道的品牌优势、公信力优势和正面传播渠道优势。同时把推进传统媒体和新兴媒体融合运用作为一项重要任务，充分运用社交网络、微博、微信公众号、抖音等传播手段，及时发布宣传报道，与网民互动交流，注重“下基层”“接地气”，进一步增强宣传工作的针对性和有效性，努力扩大环保宣传的覆盖面。

同时，还要加强对生态环境问题的解读和解答。及时回应公众对生态环境问题的关切和疑虑，提供专业的解答和指导。可以组织专家进行解读，解析环境问题的成因和解决方案，为公众解答解决生态环境问题时出现的困惑。在开展生态环境保护宣传工作时，一定要建立一个透明、公正的信息发布机制，及时向公众通报环境问题的最新进展，增加公众的知情权和参与度。

（四）提升主题传播的影响力

充分发挥六五环境日、世界地球日等重大生态环境保护纪念日独特的宣传平台作用，精心策划，周密组织，打造“生态高新”品牌，形成集中宣传冲击力。组织开展贴近实际、贴近生活、贴近群众的主题宣传活动，倡导文明、绿色的生活方式和消费模式，引导全社会参与生态文明建设，不断拓展公众参与环境保护的深度和广度。

（五）扎实推进教育培训工作

切实将环境宣教工作列入各级政府、各单位、各部门年度工作任务，并积极推动环境保护理念和知识进学校、进课堂、进课本；开展环境教育基地创建工作，积极申报环境友好型企业、学校、社区，建立中小学环境教育社会实践基地，充分发挥教育基地作用，开展互动性、体验式环境教育；利用党校、行政学院等渠道对各级党政领导干部和企业负责人进行生态环境保护培训，切实提高社会公众的环境素养和社会责任感。

【生态环境保护科普】

大量的煤、天然气和石油燃料被用在工业、商业、住房和交通上，这些燃料燃烧时产生的过量二氧化碳等就像玻璃罩一样，阻断地面热量向外层空间散发，将热气滞留在大气中，形成“温室效应”，“温室效应”使全球气象变异，产生灾难性干旱和洪涝，并使南北极冰山融化，导致海平面上升。科学家估计，如果气候变暖的趋势继续下去，海拔较低的孟加拉国、荷兰、埃及、中国低洼三角洲等地及若干岛屿国家将面临被海水吞没的危险。

任务二　环境宣教工作组织架构和队伍建设

目前，环境宣教工作仍存在一定的困难和问题。第一，宣传教育网络建设滞后，尚未形成一个以党政部门为主体、社会团体为依托、民间社团为补充、全社会广泛参与的环境保护宣传教育的局面，这导致环境宣教工作的覆盖面有限，无法有效地触及所有需要教育的群体。第二，公众参与意识较低，公众参与环境保护的意识和行动力不足，参与的深度和广度没有质的变化。第三，与民间环保社团的沟通与交流渠道不畅，导致环境宣教工作难以形成有效的社会影响力。第四，环境宣教能力建设薄弱，环境宣教机构不健全，宣教人员数量少且专业技能不强，导致宣传内容的专业性和深度不足。很多宣教人员缺乏相关的技能培训，也很少有机会外出学习交流。第五，宣教形式和内容存在单一化问题，宣教工作无法全面深入地传播生态环境知识，也无法有效地提升公众的环保意识。第六，当前的环境宣教工作缺乏长期规划和跟踪评估，无法及时了解宣教效果和公众反馈情况。这使宣教工作无法形成持续改进和优化的机制，也无法有效地提升宣教工作的针对性和实效性。在此背景下，我们需要进一步完善环境宣教工作的组织架构，进一步提升环境宣教人员的综合素质和能力，打造一支本领过硬、能力突出的环境宣教队伍。

一、环境宣教工作组织架构和职位功能

（一）环境宣教工作的组织架构

我国环境宣教工作的组织架构主要有政府部门、专业机构和社会组织等，形成了一个多层次、多领域的宣教体系。

1. 政府部门

政府部门在环境宣教工作中发挥着主导作用，负责制定政策、规划和组织实施。其中，生态环境部及其内设的宣传教育司是环境宣教工作的核心部门。

生态环境部：作为国务院组成部门，负责全国生态环境保护工作的统一监督管理，同时承担着环境宣教工作的重要职责。

生态环境部宣传教育司：作为生态环境部的内设机构，宣传教育司负责组织、指导和协调全国环境宣教工作。其主要职责包括研究拟订并组织实施生态环境保护宣传教育规划，组织开展生态文明建设和环境友好型社会建设的宣传教育工作，生态环境部新闻审核和发布，指导生态环境舆情收集、研判、应对工作，以及运维生态环境部政务新媒体等。

2. 专业机构

专业机构在环境宣教工作中发挥着技术支持和具体实施的作用。这些机构通常具有专业的宣教能力和丰富的宣教经验，能够针对不同受众群体开展有针对性的宣教活动。

环境保护科研机构：这些机构通常拥有专业的环保科研人员和先进的科研设备，能够深入开展环保研究和宣教工作。他们的研究成果和宣教材料可以为政府部门和社会组织提供有力的支持。

环保宣教中心：这些中心通常是由政府部门或专业机构设立的，专门从事环保宣教工作的机构。他们拥有丰富的宣教资源和经验，能够针对不同受众群体开展多样化的宣教活动。

媒体机构：媒体机构在环境宣教工作中发挥着重要的信息传播作用。他们通过报道环保新闻、制作环保节目等方式，向公众传递环保信息和理念。

3. 社会组织

社会组织在环境宣教工作中发挥着重要的参与和推动作用。这些组织通常具有广泛的群众基础和影响力，能够动员更多的社会力量参与环境宣教工作。

环保社会组织：这些组织通常由志愿者或热心环保事业的人士组成，他们通过开展各种形式的环境宣教活动，提高公众的环保意识和参与度。

4. 其他参与者

除了政府部门、专业机构和社会组织外，还有其他一些参与者也在环境宣教工作中发挥着重要作用。例如，学校、企业、社区等基层单位，他们通过开展各种形式的环境宣教活动，提高本单位或本社区的环保意识和参与度。

（二）环境宣教工作的职位功能

1. 国家级环境宣教部门及人员职位功能

（1）生态环境部宣传教育司

综合处：承担司内文电等综合性事务和综合协调工作，负责社会组织环境风险防范化解、部属报刊管理、宣传教育队伍建设等工作。

新闻与舆情处：承担新闻媒体联系、新闻发布、新闻宣传报道、舆情应对等工作。

宣传教育处：承担宣传教育、生态文化产品策划制作推广、政务新媒体、社会表彰等工作。

（2）生态环境部宣传教育中心

办公室（党委办公室）：负责文电、党务、纪检、人事、财务、项目管理等工作。

社会宣传室：承担生态环境部重大环境纪念日和全国性生态环境保护社会宣传活动，负责影视、音像、海报等大众生态环境教育产品的策划制作工作。

教育室：承担生态环境教育理论研究和内容设计，开展青少年环境教育，创建和推广自然教育等。

培训室（党校工作部）：承担生态环境系统干部培训和发展中国家生态环境保护专业人员援外培训等工作。

公共传播室：构建包括环保社会组织在内的生态环保公众参与和交流互动平台，开展生态环境公共关系与构建传播策略研究等。

2. 地方级环境宣教部门及人员职位功能

以天津市环境保护宣传教育中心为例，其内设机构及职能如下：

办公室（人事监察室）：协助领导安排处理日常政务工作。综合协调内部及生态环境局机关的相关工作。负责党务、人事、财务、后勤等工作。拟订工作规划和年度计划，并监督检查执行情况。负责会务组织、日常接待、档案管理、用印审查等工作。负责环保工作动态、资料及信息的收集、整理、编辑及报送。负责文、电处理，干部职务评聘，专业技术人员职称评定等工作。负责固定资产建账管理，物资采购、发放、保管等工作。负责公务车辆的管理和调度。负责安全、保卫工作。

环境宣传科（项目开发部）：负责环境宣传工作，组织、策划各类环境宣传活动。负责环境保护宣传教育项目的研发。负责对外环境宣传的联络、合作与交流。负责环境宣传文件的撰写、呈报及信息编写。负责公众参与的宣传组织工作。负责对环境保护重大纪念日和重大事件、活动的策划、组织和宣传。编写环境宣传的科普知识、重要环境事件宣传资料。

环境教育科（培训部）：负责对环保专业人员、企事业单位负责人的环境保护培训。推动各级党校、行政院校开设环境课程。负责环境科普教育知识读物的编写。负责环境教育信息编写。组织开展“绿色”系列创建活动、“环保进社区”活动、环保知识下乡活动等。负责社会公众环境意识调查工作。

影视新闻中心：负责环境新闻的宣传报道。负责环境影视资料的收集、编辑，环境专题片的拍摄、制作。提供环境保护相关影视资料、新闻图片。

3．基层环境宣教部门及人员职位功能

基层环境宣教部门（如区县生态环境局宣教部门、学校环保教育组等）的职位功能相对更加具体和具有实际操作性，主要包括：

环保政策宣传：向公众普及环保政策法规，提高公众的法律意识。

环保知识普及：通过举办讲座、展览等活动，向公众普及环保知识，提高公众的环保意识。

环保实践活动：组织公众参与环保实践活动，如垃圾分类、节能减排等，引导公众养成良好的环保习惯。

环保信息发布：及时发布环保信息，包括环境质量监测数据、环保工作动态等，保障公众的知情权。

综上所述，各级各层环境宣教部门和人员的职位功能既相互关联又各有侧重，共同构成了我国环境宣教工作的完整体系。

【知识延伸】

公民生态环境行为规范十条

《公民生态环境行为规范十条》是由生态环境部、中央精神文明建设办公室、教育部、共青团中央、全国妇联等五部门于 2023 年 6 月 5 日联合发布的一项行为规范，旨在引领公民践行生态环境保护义务和责任，做生态文明理念的积极传播者和模范践行者。以下是《公民生态环境行为规范十条》的详细内容：

第一条　关爱生态环境。及时了解生态环境政策法规和信息，学习掌握环境污染治理、生物多样性保护、应对气候变化等方面科学知识和技能，提升自身生态文明素养，牢固树立生态价值观。

第二条　节约能源资源。拒绝奢侈浪费，践行光盘行动，节约用水用电用气，选用高能效家电、节水型器具，一水多用，合理设定空调温度，及时关闭电器电源，多走楼梯少乘电梯，纸张双面利用。

第三条　践行绿色消费。理性消费、合理消费，优先选择绿色低碳产品；少购买使用一次性用品，外出自带购物袋、水杯等，闲置物品改造利用或交流捐赠。

第四条　选择低碳出行。优先步行、骑行或公共交通出行，多使用共享交通工具，家庭用车优先选择新能源汽车或节能型汽车。

第五条　分类投放垃圾。学习并掌握垃圾分类和回收利用知识，减少垃圾产生，按标识单独投放有害垃圾，分类投放其他垃圾，不乱扔、乱放。

第六条　减少污染产生。不露天焚烧垃圾，少烧散煤，多用清洁能源，少用化学洗涤剂，不随意倾倒污水。合理使用化肥农药，不用超薄农膜，避免噪声扰邻。

第七条　呵护自然生态。尊重自然、顺应自然、保护自然，像保护眼睛一样保护生态环境，积极参与义务植树，不购买、不使用珍稀野生动植物制品，拒食珍稀野生动植物，不随意引入、丢弃或放生外来物种。

第八条　参加环保实践。积极传播生态文明理念，争做生态环境志愿者，从身边做起，从日常做起，影响带动其他人参加生态环境保护实践。

第九条　参与环境监督。遵守生态环境法律法规，履行生态环境保护义务，积极参与和监督生态环境保护工作，劝阻、制止或曝光、举报污染环境、破坏生态和浪费粮食的行为。

第十条　共建美丽中国。坚持简约适度、绿色低碳、文明健康的生活与工作方式，自觉做生态文明理念的模范践行者，共建人与自然和谐共生的美丽家园。

《公民生态环境行为规范十条》的发布，对于推动全社会形成绿色低碳的生产方式和生活方式，提升公民的生态文明意识，增强公民践行绿色低碳行为的自觉性和主动性，以及为建设美丽中国汇聚全民力量具有重要意义。

二、环境宣教工作队伍建设

环境宣教人员作为推动环境保护事业发展的重要力量，其素养与能力的高低直接影响宣教工作的效果和质量。

（一）环境宣教人员的职业素养

1. 正确的环保观念与价值观

环境宣教人员首先应具备正确的环保观念和价值观，对环境保护的重要性有清晰的认识，并深刻理解生态的整体性和生态系统的相互依赖性。应秉持可持续发展的理念，致力于在环境保护与经济发展之间找到平衡点，为未来世代创造良好的生存环境。这种正确的观念和价值观将指导环境宣教人员在宣教工作中始终坚守环保初心，传播正确的环保理念。

2. 扎实的专业知识基础

环境宣教人员需要具备扎实的专业知识基础，包括环境科学、生态学、环境监测等方面的知识。他们应系统学习并掌握这些领域的基本概念、原理和方法，以便在宣教工作中能够准确、科学地解答公众的问题，提高宣教的权威性和可信度。此外，还应关注环保领域的最新研究成果和动态，不断更新自己的知识体系，以便跟上时代发展的步伐。

3. 强烈的责任感与使命感

环境宣教人员肩负着向公众普及环保知识、提高公众环保意识的重要使命。因此，应具备强烈的责任感和使命感，将宣教工作视为自己职业生涯中的重要组成部分。应认真对待每一次宣教活动，精心准备宣教内容，确保宣教效果的最大化。同时，还应积极关注环保领域的热点问题，主动承担起推动环保事业发展的责任。

4. 良好的沟通与协作能力

环境宣教人员需要与其他部门、专家学者以及公众进行频繁的沟通与协作。因此，应具备良好的沟通与协作能力，能够清晰地表达自己的观点，理解他人的需求，并在合作中达成共识。这种能力将有助于他们在宣教工作中更好地整合资源、协调各方力量，共同推动环保事业的发展。

（二）环境宣教人员的专业能力

1. 策划与组织能力

环境宣教人员需要具备出色的策划与组织能力，能够根据宣教目标、受众特点和资源条件等因素，制定出切实可行的宣教方案。他们应能够合理安排宣教活动的时间、地点、内容和形式，确保宣教活动的顺利进行。同时，他们还应具备应对突发情况的能力，能够在遇到问题时迅速调整方案，确保宣教工作的连续性和稳定性。

2. 信息收集与处理能力

在宣教工作中，环境宣教人员需要收集大量的环保信息，包括政策法规、科研成果、案例经验等。他们应具备敏锐的信息洞察力，能够从海量信息中筛选出有价值的内容，并进行深入的分析和处理。这种能力将有助于他们在宣教工作中提供更加准确、全面的信息支持，提高宣教的针对性和实效性。

3. 媒介素养与宣传能力

随着数字化时代的到来，媒介素养已成为环境宣教人员不可或缺的一项能力。他们应了解媒体的特点和传播规律，善于运用各种媒介手段进行环保宣传。这包括社交媒体、新闻报道、影视作品等多种形式。通过提高媒介素养，环境宣教人员可以更好地掌握宣传的主动权，扩大环保信息的传播范围和影响力。同时，他们还应具备应对媒体采访和舆情危机的能力，能够在关键时刻保持冷静，客观地回应公众关切。

4. 创新与应变能力

环境宣教工作面临着不断变化的环境形势和受众需求。因此，环境宣教人员需要具备创新和应变能力，能够不断探索新的宣教方法和手段，以适应时代发展的需要。他们应敢于尝试新的宣教形式和内容，如互动式体验、虚拟现实技术等，以提高宣教的吸引力和感染力。同时，他们还应具备应对突发事件和紧急情况的能力，能够在短时间内迅速调整宣教策略，确保宣教工作的连续性和有效性。

（三）环境宣教人员的综合素养提升途径

1. 加强学习与培训

环境宣教人员应定期参加相关的培训和进修课程，以不断更新自己的专业知识和技能。可以通过参加学术会议、研讨会等活动，了解环保领域的最新研究成果和动态；通过参加专业培训课程，提高自己的宣教能力和媒介素养。此外，还可以利用业余时间自学相关知识，拓宽自己的知识面和视野。

2. 通过实践积累经验

实践是检验真理的唯一标准。环境宣教人员应积极投身于宣教实践中去，通过参与各种宣教活动积累经验。可以在实践中不断探索新的宣教方法和手段，提高自己的策划与组织能力及创新与应变能力。同时，还可以通过与受众的互动和交流，了解受众的需求和反馈，为今后的宣教工作提供参考和借鉴。

3. 加强团队协作与交流

团队协作与交流是提高环境宣教人员综合素养的重要途径。应积极参与团队活动，与同事分享自己的经验和心得；通过开展合作项目等方式加强与同事之间的沟通与协作。这种团队协作与交流将有助于在工作中相互学习、相互支持、共同进步。同时，还可以通过与其他地区的环境宣教人员进行交流与合作，借鉴他人的成功经验和做法，提高自己的宣教水平。

4. 关注受众需求与反馈

受众是环境宣教工作的最终评判者。因此，环境宣教人员应始终关注受众的需求和反馈，不断调整自己的宣教策略和内容。可以通过问卷调查、座谈会等方式了解受众的需求和期望；通过收集受众的反馈意见和改进建议来不断完善自己的宣教工作。这种关注受众需求与反馈的做法将有助于在宣教工作中更加贴近受众、服务受众，赢得受众的信任和支持。

环境宣教人员的素养与能力是推动环保事业发展的重要保障。环境宣教人员应具备正确的环保观念与价值观、扎实的专业知识基础、强烈的责任感与使命感以及良好的沟通与协作能力；同时还需要具备策划与组织能力、信息收集与处理能力、媒介素养与宣传能力以及创新与应变能力等专业能力。为了提高这些素养与能力，环境宣教人员应加强学习与培训、通过实践积累经验、加强团队协作与交流以及关注受众需求与反馈。只有这样，才能在宣教工作中发挥出更大的作用和价值，为推动环保事业的发展贡献自己的力量。

【生态环境保护科普】

使用无氟制品——保护臭氧层

臭氧层能吸收紫外线，保护人和动植物免受伤害。氟利昂中的氯原子对臭氧层有极大的破坏性，它能分解吸收紫外线的臭氧，使臭氧层变薄。强烈的紫外线照射会损害人和动物的免疫功能，诱发皮肤癌和白内障，还会破坏地球上的生态系统。1994 年，人们在南极观测到了迄今为止最大的臭氧层空洞，它的面积有 2 400 km^2。有关资料表明，位于南极臭氧层边缘的智利南部已经出现了农作物受损和牧场动物失明的情况。北极上空的臭氧层也在变薄。目前，最早使用 CFC（氯氟烃）的 24 个发达国家已签署了限制使用 CFC 的《关于消耗臭氧层物质的蒙特利尔议定书》，1990 年的修订案将发达国家禁止使用 CFC 的时间定位在 2000 年。1993 年，中国政府批准了《中国消耗臭氧层物质逐步淘汰的国家方案》，确定在 2010 年完全淘汰消耗臭氧层物质（ODS）。截至 2025 年 5 月，中国实施《中国消耗臭氧层物质逐步淘汰的国家方案》履约成效显著，中国累计淘汰 ODS 约 62.8 万 t，占发展中国家淘汰总量的 50%以上，提前完成多项国际承诺，前 7 类 ODS（全氯氟烃、哈龙等）已实现受控用途生产和使用的全面淘汰，中国履约行动受到国际社会广泛赞誉，成为发展中国家履约的典范。

思考题

1. 简述环境宣教活动的含义。
2. 环境宣教活动的社会功能体现在哪些方面？
3. 环境宣教人员的素质要求是什么？
4. 简述宣教队伍的组织架构及职位功能。

项目二　环境宣教项目总体策划与设计

【学习目标】

1. 明确我国当前生态环境存在的问题；
2. 了解环境宣教项目的类型；
3. 明确环境宣教活动策划主题的确定方法；
4. 熟悉环境宣教产品设计策略。

任务一　环境宣教项目的类别

一、环境问题的紧迫性与宣教分类的逻辑建构

环境问题是当今国际社会的普遍问题，由于我国特殊的国情，近年来，国家的环境问题日益突出，每年都会发生许多环境污染、生态破坏等环境事件。生态环境保护就是通过采取行政、法律、经济、科学技术等多方面的措施，保护人类生存的环境不受污染和破坏；还要依据人类的意愿，消除那些破坏环境并危及人类生活和生存的不利因素，保护和改善环境，使它更好地适合于人类劳动和生活以及自然界中的生物生存。环境保护所要解决的问题大致包括两个方面的内容，一是保护和改善环境质量，保护人类身心的健康，防止机体在环境的影响下变异和退化；二是合理利用自然资源，减少或消除有害物质进入环境，以及保障自然资源（包括生物资源）的恢复和扩大再生产，以利于人类生命活动。

近年来，我国环境问题日益突出，已不仅仅是社会发展某一环节的问题，而是关系全局发展的重大现实问题。市场经济日益成熟、法治建设逐步推进的今天，应该说是当前环境问题解决的最好时机。

（一）环境问题的产生和我国环境问题的现状及原因分析

1. 环境问题的产生

环境问题是随着社会生产力的发展而产生的，不同的历史时期其环境问题也不相同，依据历史时期的不同，我们可以把环境问题分为两种，首先是传统意义的环境问题，这主要是指在工业革命以前人们对自然资源的不合理开发、利用所导致的环境破坏和资源浪费，即由于过度开垦荒地、滥伐林木、过度放牧、掠夺捕捞等而引起的水土流失、土地沙化、草原退化、水生物资源日益减少、旱涝灾害频繁等。

其次，除了上述自然资源的破坏加剧外，也引起了“三废”（废气、废水、废渣）污染、噪声污染、放射性污染和农药污染等更加严重的环境问题，其污染的广度和深度已大大超过了从前所引发的大量的“环境公害”事件（也称环境公众受害，指人们对生活环境和生态环境所造成的社会性危害，包括环境破坏）。随着人类社会和经济的发展，环境问题也随之愈发突出。特别是到19世纪中叶，第一次产业革命相继在各国完成，生产力迅速发展，人口急剧增长，人类社会活动的广度和深度不断扩大，人们向自然索取的能力和对自然环境干预的能力越来越强，资源消耗量和废弃物排放量大量增加。又由于当时人类对于环境及环境保护认识的局限性，致使环境问题发展十分迅速。以亚洲为例，亚洲的经济发展引人注目，但是环境问题也日益突出，尤其是城市的环境状况令人担忧。人口膨胀、垃圾增多、交通拥挤、大气和河流污染，使城市的环境日趋恶化。

2. 我国环境问题的现状及原因分析

（1）我国环境问题的现状

当前环境的污染和破坏已发展到威胁人类生存和发展的世界性的重大社会问题，人类所面临的新的全球性和广域性环境问题主要有3类：一是全球性、广域性的环境污染；二是大面积的生态破坏；三是突发性的严重污染事件。根据国际经验，工业化快速发展时期也是环境污染最严重的时期。我国也不例外。专家预测环境污染将成为我国近20年来发展的最大影响，具体表现在：

1）严重的大气污染

在我国能源结构中，一次能源中煤占70%以上，燃煤产生的烟尘、二氧化硫、一氧化碳、一氧化氮等大气污染物都将增加。我国已成为继欧洲、北美之后的第三大酸雨沉降重点地区。全国600多座城市中，空气质量符合国家一级标准的为数不多。此外，汽车尾气污染突出。汽车排放（氮氧化物、一氧化碳等）已经成为我国大城市的重要流动污染源。

2）生态环境恶化

我国生态环境恶化主要表现在水土流失、垃圾污染、噪声污染等方面。我国生态环境的基本状况是治理能力远远赶不上破坏速度，生态赤字在一定程度上逐渐加重。现如今，我国森林资源锐减、草场退化加剧、地下水位下降也较为明显。此外，环境污染已经在向农村蔓延，农村地区企业的发展规模越来越壮大，也在农村造成了更大范围的生态环境污染，对农业资源、矿产资源造成更为严重的浪费。

3）水域污染

当前我国水域污染问题呈现多维度蔓延态势，从江河湖库到近岸海域均受到威胁。工业生产中未经处理的废水含化学污染物、重金属等，致使部分河段成为"黑河""臭河"，水生态遭毁灭性破坏；城市化进程中生活污水排放量激增，管网建设滞后与处理能力不足，引发水体富营养化，河湖自净功能严重退化。农村地区化肥农药随地表径流进入水体、畜禽养殖污水肆意排放，造成氮磷富集，破坏农田灌溉安全与水乡生态。沿海水域受陆源污染、石油泄漏、航运油污影响，赤潮频发，滨海湿地等海洋生态系统退化。污染不仅直接威胁城乡饮用水安全，更通过食物链危害人体健康，导致水生生物多样性锐减，加剧流域生态失衡与区域用水紧张形势。面对污染对生态、健康与经济的多重威胁，亟须构建针对工业污染防控、城乡治污设施完善、农业绿色生产、海洋生态保护的立体治理体系，以守护水域生态安全与人类可持续发展根基。

4）垃圾围城

由于我国对固体废物的处理处置率均较低，历史堆存量大。不仅占用大量土地，还污染了耕地及地表水和地下水。

从相关数据可以看出，我国严重的环境问题已经严重阻碍了我国国民经济的健康发展，这势必对我国以后经济的发展极为不利。

【生态环境保护科普】

近年来，中国在固体废物管理领域的政策普及取得显著进展，以上海市浦东新区为例，其通过立法与系统性工程推动固体废物资源化再利用，形成了具有全国示范意义的"浦东样本"。

2023 年 2 月 1 日，上海市人大制定的《上海市浦东新区固体废物资源化再利用若干规定》正式施行，这是国内首个针对特定区域固体废物全链条治理的地方性法规。该法规明确要求浦东率先实现固体废物从源头分类到资源化再利用的全过程治理，并配套出台"三年行动计划（2023—2025 年）"，梳理出七大类 35 项具体任务，覆盖生活垃圾、建筑垃圾、工业固体废物、农业固体废物四大领域，涉及建筑、商业、工业等多个行业的改革创新。

作为核心载体，位于浦东东北部的"浦发 · 零碳绿谷"（原黎明生态园区）通过整合干垃圾、湿垃圾、建筑装潢垃圾等五大处理产业链，形成年处理 130 万 t 固体废物的能力，并探索出“资源—产品—废弃物—再生资源”的闭环经济模式。园区采用低温真空脱水干化技术处理污泥，将含水率从 97%降至 30%～40%，同时利用水源热泵技术实现中水热能循环利用，每日减少碳排放 31.2 t。在建筑装潢垃圾处理方面，园区通过精细化分类生产再生骨料，研发出建筑垃圾细粉料自密实流态土等新产品，推动资源循环利用效率提升。

政策实施一年来，浦东在多个领域取得突破性进展：生活垃圾处理能力达 5 000 t/d（干垃圾）和 1 100 t/d（湿垃圾），建筑废弃混凝土资源化利用能力近 500 万 t/a，农业秸秆深度资源化利用 3 万 t。到 2025 年，浦东计划实现生活垃圾分类达标率 95%以上、生活垃圾回收利用率 45%以上，并保持原生生活垃圾零填埋。这一案例不仅体现了地方立法与政策创新的结合，更通过技术集成与产业协同，为超大城市固体废物治理提供了可复制的解决方案，被李强总理在 2024 年政府工作报告中列为“推动废弃物循环利用产业发展”的典型实践。

（2）我国环境问题的原因分析

1）粗放型经济发展模式的历史惯性

我国长期依赖高能耗、高污染的产业发展路径，工业结构偏向重化工和资源密集型行业，这种模式在快速城镇化过程中被进一步固化。地方政府为追求短期经济增长，存在默许企业以低成本排放污染物的情况，导致环境成本长期外部化。例如，传统制造业对煤炭等化石能源的过度依赖，加剧了大气污染和碳排放问题。尽管近年来清洁能源占比提升，但能源转型的滞后性仍使环境压力难以缓解。

2）政绩考核体系与环保目标的矛盾

以 GDP 为核心的政绩考核机制尚未根本转变，部分地区仍将经济增长置于生态保护之上。环境治理常被视为“软约束”，执法不严、违法成本低的现象普遍存在。例如，污染企业在面临环境规制时，可能通过地方保护主义规避处罚，形成“边治理边破坏”的恶性循环。这种内生性矛盾削弱了环保政策的执行力，导致环境问题反复出现。

3）环境治理机制的系统性缺陷

环保法律法规的滞后性与监管能力不足形成叠加效应。现行法律对新型污染物（如微塑料、新型化学物质）的界定和管控存在空白，而基层生态环境部门人力、技术资源匮乏，难以应对复杂的污染源。例如，部分农村地区因缺乏污水处理设施，大量生活污水直接排放，凸显了城乡环境基础设施的失衡。此外，跨区域协同治理机制不完善，加剧了污染转移问题。

4）公众参与与生态意识的薄弱

环境教育和社会动员的不足，导致公众对绿色生产、低碳生活的认知与实践存在差距。消费主义盛行下，过度包装、一次性用品浪费等行为加剧了资源消耗。尽管“基于自然的解决方案”等理念在国际上兴起，但国内公众对生态环境保护的参与度仍较低，社区层面的环保行动多依赖政府推动，未能形成全民共治格局。

5）全球化产业链的生态代价

作为“世界工厂”，我国承接了大量高污染、高耗能的国际产业转移，出口贸易中隐含的碳排放和资源消耗加剧了本土环境压力。例如，电子废弃物、纺织业染料等污染物的处理技术门槛高，部分企业为降低成本违规排放，使我国在国际产业链中承担了不对称的生态环境逆差。这种全球分工格局下的环境成本转移，成为结构性污染的重要推手。

（二）环境宣教开展的重要意义

环境宣教是生态文明建设的基础性、先导性工程，其重要意义体现在以下方面：

1. 奠定生态文明建设的社会基础

生态文明理念的普及需要以环境宣教为桥梁。通过传播生态价值观和环保知识，宣教工作能够引导公众突破传统发展观念的束缚，从“同情者”转变为“行动者”，形成全社会共同参与生态文明建设的思想共识。例如，通过理论研讨、通俗读物编写等方式，深化公众对“绿水青山就是金山银山”等理念的理解，为环境治理提供文化支撑。

2. 提升全民环境素养与文明素质

环境意识是衡量公民素质的重要标尺。宣教工作通过普及环保法律法规、科学知识及生态道德，培养人与自然和谐共生的世界观，增强公众节约资源、保护生态的自觉性。例如，学校将生态教育纳入课程体系，家庭通过日常行为示范，共同塑造青少年的环保行为习惯，逐步形成全民参与环保的社会风尚。

3. 推动绿色转型与可持续发展

环境宣教是破解“重经济轻环保”矛盾的关键抓手。通过传播绿色生产生活方式、低碳发展理念，宣教工作推动产业结构优化、资源高效利用和生态保护协同并进。例如，企业通过社会责任报告传递环保信息，公众践行垃圾分类、低碳出行等行为，均是宣教成效的体现。

4. 动员社会力量参与环境共治

生态文明建设需凝聚政府、企业、公众等多元主体合力。环境宣教通过品牌活动（如六五环境日）、志愿服务（如“进百校下千村入万户”）等形式，搭建公众参与平台，激发社会内生动力。同时，引导环保社会组织（NGO）等发挥专业优势，形成共建共治共享的治理格局。

5．维护环境治理体系的法治与伦理根基

宣教工作通过传播环保法规政策、典型案例等，增强公众对“最严格制度、最严密法治”的认同感，巩固环境治理的法治基础。例如，普及《中华人民共和国环境保护法》《碳排放权交易管理暂行条例》等法律法规，既强化外部约束，也培育公众主动守法的责任感。

环境宣教不仅是传播知识的工具，更是构建生态文明社会意识形态的核心力量。其通过理念引导、行为塑造、制度协同，为美丽中国建设提供持久的精神动力，形成社会共识，是实现人与自然和谐共生的现代化不可或缺的基石。

（三）环境宣教项目的分类

环境宣教项目可以从多个角度进行分类：

1．按受众群体分类

可分为针对儿童的环境宣教项目，例如，环保主题的儿童绘本阅读、趣味实验等活动；青少年的环境宣教项目，如组织生态科考、环保创意比赛等；成年人的环境宣教项目，如环保职业培训、企业环保管理讲座等；老年人的环境宣教项目，如以健康生活与环保的关系为主题的知识分享会等。

2．按传播媒介分类

包括线上环境宣教项目，如环保主题网站、社交媒体宣传、网络课程等；线下环境宣教项目，如环保展览、科普讲座、实地考察、社区宣传活动等；还有融合线上线下的综合宣教项目，结合线上信息传播与线下互动体验，提升宣教效果。

3．按环境要素分类

有大气环境宣教项目，如宣传大气污染防治知识、推广清洁能源使用等；水环境宣教项目，如开展水资源保护、水污染治理的宣传活动；土壤环境宣教项目，如普及土壤污染危害及修复方法等；生物多样性宣教项目，如宣传野生动植物保护、生态系统保护的意义等。

4．按宣教目的分类

知识普及类项目，旨在向公众传递基本的环境科学知识、生态环境保护政策法规等；意识提升类项目，重点在于增强公众的生态环境保护意识、责任感和价值观；行为倡导类项目，鼓励公众采取具体的生态环境保护行动，如垃圾分类、绿色出行等；能力建设类项目，主要是为特定群体提供环保技能培训、实践经验分享等，提升其参与环保工作的能力。

5. 按实施主体分类

政府主导的环境宣教项目，如生态环境部门组织的大型生态环境保护宣传活动；NGO开展的环境宣教项目，如生态环境保护公益组织举办的志愿者活动、主题宣传活动等；企业开展的环境宣教项目，如企业的生态环境保护开放日、绿色供应链宣传等；学校开展的环境宣教项目，如校园生态环境保护课程、生态环境保护社团活动等。

6. 按项目形式分类

培训讲座类，通过专家讲解传授生态环境保护知识和技能；活动体验类，如生态环境保护主题的夏令营、自然观察活动等；竞赛评选类，如生态环境保护创意大赛、生态环境保护征文比赛等；文化艺术类，如环保主题的绘画、摄影、戏剧表演等。

综上所述，通过从受众群体、传播媒介、环境要素、宣教目的、实施主体、项目形式等多角度划分，环境宣教项目形成了系统化分类框架，便于依需精准设计，推动知识普及、意识提升与行为实践，最终实现可持续发展目标的广泛覆盖和深度落实。

二、环境科普宣教

（一）环境科普宣教概述

1. 环境科普宣教介绍

环境科普宣教是指通过一系列的教育活动，向公众普及环境保护知识，增强生态环境保护意识，培养生态环境保护行为，从而促进社会的可持续发展。随着全球环境问题的日益严峻，环境科普宣教显得尤为重要。它不仅关乎人类的生存环境，还直接影响子孙后代的福祉。因此，开展环境科普宣教，提高公众的环保素养，已成为社会各界共同的责任。

环境科普宣教的内容涵盖了环境保护的各个方面，如气候变化、生物多样性保护、水资源管理、空气污染治理等。这些内容的普及有助于公众了解环境问题的现状、成因及解决方案，从而激发他们参与环保行动的热情。同时，环境科普宣教还注重培养公众的环保行为习惯，通过实际行动来减少环境污染，保护自然资源。

2. 环境科普宣教手段与受众群体

在环境科普宣教的过程中，多种教育手段被广泛应用。讲座、展览、工作坊、科学实验等活动形式，使环保知识更加生动有趣，易于被公众接受。此外，随着互联网的普及，线上科普也逐渐成为环境科普宣教的重要手段。通过社交媒体、网络直播等平台，环保知识得以迅速传播，受众范围大大扩大。

环境科普宣教的目标群体广泛，包括青少年、成年、老年等各个年龄段的人群。针对不同群体，宣教内容和方法也会有所调整，以确保教育的针对性和有效性。例如，对于青少年群体，可以通过趣味性的科学实验和互动游戏来激发他们的环保兴趣；对于成年人群体，则可以更加注重实用性和操作性，教授他们如何在日常生活中践行环保理念。

（二）环境科普宣教流程

环境科普宣教是提升公众环保意识、促进环境友好型社会建设的重要手段。为了确保宣教活动的有效性和影响力，需要遵循一定的步骤，并采用科学的方法。环境科普宣教的流程通常包括以下几个步骤：

1. 需求调研

在宣教活动开始之前，需要对目标群体的环保意识和需求进行调研。这有助于了解公众对环保知识的了解程度、关注的热点问题以及期望获得的信息类型等。基于调研结果，可以更加精准地制定宣教内容和策略。

2. 内容策划

根据需求调研的结果，策划宣教内容。内容应涵盖环境保护的各个方面，同时注重科学性和准确性。在策划过程中，可以邀请环保领域的专家学者参与，确保宣教内容的权威性和前沿性。

3. 活动设计

根据宣教内容，设计多样化的活动形式。这些活动可以包括讲座、展览、工作坊、科学实验、互动游戏等。活动设计应注重参与性和体验性，让公众在参与过程中有所收获。

4. 宣传推广

通过电视、广播、报纸、网络等媒体平台对宣教活动进行宣传推广。这有助于提高活动的知名度和参与度，吸引更多公众关注环保问题。

5. 活动实施

在活动实施阶段，通过场地布置、设备调试、人员分工等方面的工作，确保活动顺利进行。同时，还需要关注参与者的反馈和意见，及时调整活动策略和内容。

6. 效果评估

活动结束后，对宣教效果进行评估。这可以通过问卷调查、访谈等方式进行。评估结果有助于了解活动的成效和不足之处，为后续宣教活动提供参考和改进方向。

（三）环境科普宣教的方法

1. 专家讲座与研讨

邀请生态环境保护领域的专家学者举办讲座和研讨会。通过他们的专业知识和实践经验，向受众传递准确、权威的生态环境保护信息。

2. 互动体验与参与

设计互动体验环节，如生态环境保护知识竞赛、垃圾分类游戏等。让受众在参与过程中学习生态环境保护知识，增强生态环境保护意识。

3. 案例分析与示范

通过分析典型环境案例，向受众展示环境问题的严重性和紧迫性。同时，提供成功的生态环境保护示范案例，激发受众的生态环境保护行动热情。

4. 媒体传播与网络教育

利用电视、广播、报纸等传统媒体以及社交媒体、在线教育平台等新媒体进行环保知识的传播和教育。拓宽宣教渠道，扩大受众覆盖面。

5. 社区参与和共建

鼓励社区居民参与生态环境保护活动，如社区清洁、绿化美化等。通过实际行动践行生态环境保护理念，提升社区整体生态环境保护意识。

6. 持续跟踪与评估

对宣教活动进行持续跟踪和评估，了解受众的环保行为改变情况。根据评估结果调整宣教策略和方法，确保宣教活动的长期有效性。

（四）典型实例解析

北京能源与环境学会“动员全民学‘双碳’”科普活动

1. 背景与目的

在全球气候变化的大背景下，中国提出了“碳达峰、碳中和”（简称“双碳”）目标，旨在通过减少温室气体排放，实现经济的绿色转型。为了响应国家号召，普及“双碳”知识，增强公众的环保意识，北京能源与环境学会在北京市科学技术协会的指导下，精心策划并实施了“动员全民学‘双碳’”科普活动。该活动旨在通过一系列丰富多彩、贴近生活的科普形式，让“双碳”理念深入人心，成为全民共识。

2. 活动筹备与规划

活动筹备初期，学会成立了专项工作组，负责活动的整体策划、执行与评估。工作组首先进行了广泛的市场调研，明确了目标受众群体——既包括关注环保的青少年学生，也涵盖了寻求绿色生活方式的城市居民，以及关注企业可持续发展的企业家等。基于调研结果，工作组制定了详细的活动方案，明确了活动的主题、内容、形式及预期效果。

3. 实施过程与亮点

（1）线上讲座系列

活动启动阶段，学会邀请了包括中国科学院和中国工程院院士在内的多位能源与环境领域的知名专家，围绕“双碳”政策的解读、绿色能源技术的发展、碳汇与碳捕捉技术等前沿话题，举办了10场在线讲座。讲座通过学会官方网站、社交媒体平台同步直播，吸引了数十万人次在线观看。讲座不仅提供了专业知识的讲解，还设置了互动问答环节，鼓励观众提问，增强了活动的互动性和参与感。

（2）校园科普行

针对青少年群体，学会联合北京市多所中小学，开展了“双碳”科普进校园活动。这些活动包括科普讲座、互动实验、环保创意作品展等。例如，通过“绿色能源小车制作”比赛，学生们亲手组装太阳能车模型，体验清洁能源的魅力；在“碳排放计算器”互动环节，学生利用简单的工具计算日常行为产生的碳排放量，直观感受节能减排的重要性。

（3）社区科普展

在居民社区，学会设置了“双碳”科普展览，通过图文展板、视频资料、互动体验区等形式，向居民普及“双碳”知识。展览内容既有全球气候变化的严峻形势，也有日常生活中的节能减排小贴士，如垃圾分类、节水节电等。展览期间，还安排了专家现场咨询环节，解答居民关于绿色生活的疑问。

（4）媒体合作与公众宣传

为了扩大活动影响力，学会与多家主流媒体建立了合作关系，通过新闻报道、专题访谈等形式，深入报道活动亮点，传播“双碳”理念。同时，利用社交媒体平台，发起“动员全民学‘双碳’”话题挑战，鼓励公众分享自己的绿色生活小贴士，形成线上线下互动的热潮。

（5）成效与影响

经过近3个月的持续努力，“动员全民学‘双碳’”科普活动取得了显著成效。据统计，线上讲座累计观看人数超过百万，校园科普行覆盖学校超过50所，社区科普展惠及居民数千人。更重要的是，活动激发了公众对环保事业的热情，许多参与者表示将把学到的“双碳”知识应用到日常生活中，为构建绿色家园贡献自己的力量。

此次活动不仅提升了公众的环保意识，也为推动社会绿色转型、实现“双碳”目标奠定了坚实的群众基础。北京能源与环境学会将继续探索更多创新科普形式，将“双碳”理念深植人心，共同守护地球家园。

三、环境意识提升类宣教

（一）环境意识提升类宣教介绍

环境意识提升类宣教是现代社会推动可持续发展、促进生态文明建设的重要途径。它不仅关乎个人行为方式的改变，更涉及社会整体对环境保护的认知与行动。环境意识，是指人们对环境及其保护问题的认识水平和行为自觉性，是环境保护工作的基础。提升公众的环境意识，有助于形成全社会共同参与环境保护的良好氛围，推动环境保护事业的深入发展。

环境意识提升类宣教旨在通过一系列的教育活动，使公众了解环境问题的严峻性、掌握环境保护的基本知识，并激发其保护环境的责任感和使命感。宣教内容通常涵盖环境科学知识的普及、环境问题的认识、环境保护法律法规的宣传、环保行为的倡导等方面。通过多样化的宣教方式，如讲座、展览、媒体宣传、社区活动等，使环保理念深入人心，让环保成为人们日常生活中的自觉行动。

（二）环境意识提升类宣教项目内容

1. 环境科学基础知识

1）气候变化：介绍气候变化的成因、影响及应对措施。

2）生物多样性保护：阐述生物多样性的重要性，以及保护生物多样性的方法和案例。

3）自然资源管理：讲解自然资源的有限性和合理利用的重要性。

4）其他环境科学相关内容。

2. 面临的环境挑战严峻性

以空气污染、水污染、土壤污染等为主的环境污染问题；生态系统退化、物种灭绝等生态问题；气候变化对全球和人类社会的潜在影响等。

3. 环保法律法规

介绍国家及地方的环保法律法规，包括环境保护法、大气污染防治法、水污染防治法等；强调违法排污、破坏生态的法律责任。

4. 绿色生活方式

1）垃圾分类：介绍垃圾分类的标准、方法和意义。

2）节能减排：倡导节能减排的生活方式，如使用节能产品、减少能源消耗等。

3）绿色出行：鼓励步行、骑行、公共交通等低碳出行方式。

4）绿色消费：推广绿色、环保、可持续的消费理念。

5．环保行动倡议

鼓励公众参与环保公益活动，如植树造林、河流清理等。倡导企业履行社会责任，推动绿色生产。

（三）环境意识提升类宣教项目开展方式

1．媒体平台宣传

利用电视、广播、报纸等传统媒体发布环保公益广告，提高公众关注度。利用社交媒体、短视频平台等新兴媒体进行环保知识传播，增强互动性。

2．学校教育

将环保知识纳入学校教育课程，通过课堂教学、实验活动等方式普及环保知识。组织环保主题班会、讲座、展览等活动，加深学生对环境问题的理解。

3．社区活动

在社区举办环保知识讲座、绿色生活培训等活动，向居民普及环保知识。组织垃圾分类、节能减排等社区环保项目，鼓励居民参与。

4．企业宣贯

企业开展环保文化建设，推动内部环保活动的开展。通过产品绿色设计、生产工艺改进等方式，减少对环境的负面影响。

5．政府引导

政府出台相关政策，提供资源和资金支持，促进环保宣传与教育的开展。组织大型环保宣传活动，如六五环境日、地球一小时等，提高公众环保意识。

6．法制宣传

结合环境保护法律，开展法制宣传教育活动，增强公众的法律意识。通过案例分析，让公众了解违法排污、破坏生态的法律后果。

7．创新宣教方式

利用虚拟现实（VR）、增强现实（AR）等先进技术，打造沉浸式环境宣教体验。开展环保知识竞赛、环保主题文艺演出等寓教于乐的活动。

（四）环境意识提升类宣教流程

环境意识提升类宣教是一个系统而细致的过程，需要精心策划和组织。以下是一个典型的环境意识提升类宣教流程：

1．需求调研与目标设定

1）需求调研：在宣教活动开始之前，首先需要对目标受众进行调研，了解他们对环境问题的认知程度、环保行为的习惯以及潜在的环保需求。这有助于宣教者更好地把握宣教的重点和方向。

2）目标设定：根据调研结果，设定宣教活动的具体目标。这些目标可能包括提高公众对环境问题的认识、普及环保知识、倡导绿色生活方式等。

2. 宣教内容设计

1）科学知识普及：设计易于理解、生动有趣的环境科学知识内容，如气候变化、生物多样性保护、资源循环利用等。

2）问题认识深化：通过案例分析、数据展示等方式，使公众深刻认识到环境问题的严峻性和紧迫性。

3）法律法规宣传：介绍环境保护相关的法律法规，增强公众的法治观念，引导其依法保护环境。

4）环保行为倡导：提出具体的环保行为建议，如垃圾分类、节能减排、绿色出行等，鼓励公众在日常生活中践行环保。

3. 宣教方式选择

1）线上宣教：利用互联网、社交媒体等线上平台，发布环保资讯、科普文章、短视频等，扩大宣教覆盖面。

2）线下活动：组织讲座、展览、社区活动、环保志愿者服务等线下活动，增强宣教的互动性和体验感。

3）媒体合作：与电视、广播、报纸等传统媒体合作，发布环保公益广告，提高宣教的权威性和影响力。

4. 实施与监测

1）活动实施：按照计划有序开展宣教活动，确保各项内容得到有效传达。

2）效果监测：通过问卷调查、访谈等方式，收集受众对宣教活动的反馈意见，评估宣教效果。

5. 总结与改进

1）总结经验：对宣教活动进行总结，提炼成功经验和不足之处。

2）持续改进：根据评估结果，调整宣教策略和内容，为后续的宣教活动提供参考。

【案例】

在浙江省某市开展的“生态家园共建计划”中，设计了一套覆盖全年龄段的宣教体系：

社区环保课堂每周开设专题课程，邀请环境相关工程师讲解垃圾分类原理，结合 VR 技术展示垃圾处理全流程，中老年居民参与率达 68%。

青少年实践营组织初中生开展河流水质监测，使用便携式检测仪记录pH值、溶解氧等6项指标，通过数据可视化平台生成季度污染图谱，累计形成监测报告127份。

家庭碳账户系统通过小程序记录居民水电消耗、出行方式等数据，每月生成个性化减排方案，2024年试点社区人均碳足迹下降19%。

企业开放日安排市民参观污水处理厂中控室，观察实时进出水指标对比，厂区设置互动装置模拟不同排污浓度对处理工艺的影响。

生态银行积分兑换机制将旧衣物回收、外卖餐盒返还等行为转化为生态积分，可在指定超市兑换有机农产品，2025年第一季度回收物总量达23 t。

项目成效通过第三方评估显示：82%参与者能准确辨识可回收物与有害垃圾，社区厨余垃圾纯净度从51%提升至89%，沿河违规倾倒投诉量同比下降64%。该模式已纳入《长三角生态文明教育协同发展纲要》示范项目库，形成可复制的标准化操作手册。

四、行为改变倡导类宣教

（一）行为改变倡导类宣教概述

1．定义与内涵

行为改变倡导类宣教，是环境宣教体系中至关重要的组成部分，其核心目的在于促使公众在日常生活、生产实践等活动中，主动摒弃那些不利于生态环境的行为模式，逐步养成绿色、可持续的行为习惯。这一宣教类型并非单纯的知识传播，而是综合运用多种策略与手段，从心理层面激发公众的内在动力，让他们从内心深处真正认同环保理念，并将其转化为持之以恒的实际行动。例如，在推行垃圾分类政策时，宣教工作不仅要向公众详细介绍各类垃圾的分类标准和投放方法，更要通过宣传教育、行为引导等方式，激发公众主动参与垃圾分类的热情，使其在日常生活中能够自觉、准确地进行垃圾分类投放，形成长期稳定的行为习惯。

2．重要性

助力环境保护目标达成。公众的日常行为对生态环境有着直接或间接的深远影响。通过积极倡导公众践行绿色出行、节约能源、减少浪费等环保行为，可以从源头上有效减少资源的过度消耗和污染物的排放，为实现环境保护目标提供有力支撑。例如，当越来越多的人选择公共交通、自行车或步行作为出行方式时，机动车尾气排放量将显著降低，从而对改善空气质量、缓解大气污染问题产生积极作用。

培育公众环保意识与责任感。在倡导行为改变的过程中，公众将不断深入了解各类环境问题的严峻性和紧迫性，这有助于增强他们的环保意识和社会责任感。当公众清晰认识到随手丢弃垃圾、过度使用一次性用品等行为对土壤、水体和生态系统造成的严重危害后，会更加自觉地珍惜环境资源，主动承担起保护环境的责任，积极参与到各类环保行动中。

推动社会可持续发展。公众环保行为的广泛普及，能够带动整个社会逐步形成绿色、可持续的发展模式。从家庭到社区，从企业到政府，当环保行为成为社会主流，将为经济社会的可持续发展奠定坚实基础。例如，企业在公众环保意识不断提升的影响下，会加大在环保技术研发、设备更新等方面的投入，积极采用清洁生产技术，实现经济效益与环境效益的协同发展。

3. 目标受众

普通公众。普通公众是日常环保行为的主要践行者，其生活中的点滴行为汇聚起来，对环境的影响极为广泛。通过针对性的宣教活动，引导他们在日常生活中养成节约用水、用电，减少一次性用品使用，积极参与环保志愿活动等良好习惯，将对环境保护产生巨大的推动作用。

企业员工。企业作为经济活动的主体，其运营过程中的资源消耗和环境影响与员工的行为密切相关。对企业员工开展宣教工作，倡导绿色办公、节能减排、清洁生产等行为，不仅有助于企业降低运营成本、提高生产效率，还能提升企业的环境绩效，树立良好的企业形象。

青少年群体。青少年是未来社会的主力军，在他们的成长过程中融入环保理念，培养环保行为习惯，对未来社会的可持续发展具有深远意义。通过在校园内开展丰富多彩的宣教活动，如环保主题班会、科普讲座、课外实践等，能够让青少年从小树立爱护环境、节约资源的意识，养成良好的环保习惯。

社区居民。社区是公众生活的集中区域，在社区内开展行为改变倡导类宣教活动，能够营造浓厚的环保氛围，促进居民之间相互影响、相互监督，共同践行环保行为。例如，组织社区环保宣传活动、垃圾分类竞赛等，鼓励居民积极参与，共同营造绿色、宜居的社区环境。

（二）行为改变倡导类宣教流程

1. 行为分析与需求评估

确定目标行为：全面梳理当前与环境问题紧密相关的各类行为，结合本地实际情况、环境特点以及可利用的宣教资源，精准确定需要引导公众改变的目标行为。例如，在水资源匮乏地区，将节约用水、合理用水作为重点倡导的目标行为；在垃圾处理压力较大的城市，将垃圾分类、减少垃圾产生作为主要目标。

分析行为现状：运用问卷调查、实地观察、深度访谈等多种研究方法，深入了解目标受众对目标行为的认知水平、态度倾向、行为习惯以及影响其行为的各种因素。例如，通过问卷调查了解公众对节约用水的认知程度、日常用水习惯以及在节约用水过程中遇到的困难和阻碍；通过实地观察分析企业员工在办公场所的能源消耗行为和资源浪费现象。

评估需求：根据行为分析的结果，准确评估目标受众在知识储备、技能掌握、态度转变等方面的具体需求，为后续制定科学合理的宣教策略提供有力依据。例如，如果发现公众对节水器具的使用方法缺乏了解，那么将节水器具使用培训纳入宣教计划；若企业员工对绿色办公理念认识不足，则重点加强绿色办公知识的普及和宣传。

2．目标设定

总体目标：明确行为改变倡导类宣教的长期战略方向和愿景，例如，在一定时期内，实现公众环保行为的显著改善，形成全社会积极参与环境保护的良好氛围，推动环境质量持续提升。

具体目标：将总体目标细化为一系列可量化、可操作、有时限的具体目标，以便于监测和评估宣教效果。例如，在半年内，使某社区居民对垃圾分类知识的知晓率达到80%；在一年内，使某企业员工的纸张浪费现象减少 30%；在两年内，使某城市居民的绿色出行比例提高 20% 等。

3．策略制定

（1）内容设计

知识普及：系统地向目标受众传授与目标行为相关的环境科学知识、行为背后的科学原理以及相关政策法规等内容。例如，在倡导绿色出行时，详细介绍机动车尾气排放对环境和人体健康的危害，以及公共交通、自行车出行在节能减排方面的优势；讲解国家和地方关于鼓励绿色出行的政策措施，如公交优先发展政策、共享单车扶持政策等。

技能培训：针对目标行为，提供具有实际操作性的技能指导和培训。如在推广绿色烹饪时，传授节能烹饪技巧，包括合理选择烹饪器具、控制烹饪火候、优化食材处理方式等；同时，教导公众如何合理利用食材，减少食物浪费，提高资源利用率。

激励措施：制定切实可行的激励机制，通过物质奖励、荣誉表彰、精神鼓励等多种方式，激发公众参与行为改变的积极性和主动性。例如，对积极参与垃圾分类的家庭给予物质奖励，如环保用品、生活日用品等；对在绿色出行方面表现突出的个人颁发荣誉证书或授予“绿色出行之星”等称号；对长期坚持环保行为的企业给予税收优惠、政策扶持等奖励。

（2）渠道选择

传统媒体：充分发挥电视、广播、报纸、杂志等传统媒体的权威性和广泛影响力，制作并发布公益广告、专题报道、专家访谈、深度评论等多样化的宣教内容，扩大宣教活动的覆盖面和影响力。例如，电视台制作环保公益广告，以生动形象的画面和富有感染力的语言宣传节约用水的重要性；报纸开设环保专栏，定期连载环保知识和行为改变案例，引导公众关注和学习。

新媒体平台：借助微信公众号、微博、抖音、哔哩哔哩网站等新媒体平台的便捷性、互动性和传播速度优势，发布形式丰富多样、生动有趣的短视频、图文信息、动画、H5页面等宣教内容，同时开展线上互动活动，如知识问答、话题讨论、直播讲座、打卡挑战等，吸引公众积极参与，增强宣教效果。例如，在抖音上发起“环保挑战”话题，鼓励用户拍摄并分享自己践行环保行为的短视频，引发公众的广泛关注和参与。

线下活动：精心组织各类丰富多彩的线下活动，如科普讲座、技能培训、社区宣传活动、环保竞赛、主题展览等，与目标受众进行面对面的深入交流和互动，增强宣教的针对性和实效性。例如，举办“环保知识讲座”，邀请环保专家为公众讲解环保知识和行为改变方法，现场解答公众的疑问；开展“绿色生活技能培训”，手把手教导公众如何进行垃圾分类、如何使用节能器具等。

4. 实施与执行

组建团队：选拔和培养一支专业素养高、综合能力强的宣教团队，团队成员应具备环境科学、传播学、社会学、心理学等多学科知识背景和丰富的实践经验。明确团队成员的职责分工，确保宣教工作的各个环节能够高效协同推进。例如，环境专家负责提供专业知识支持和技术指导，传播专家负责宣传内容的策划和创意设计，活动组织者负责线下活动的组织实施和现场协调，志愿者负责协助开展宣传和服务工作。

准备物资：全面充分地准备宣教活动所需的各类物资，包括制作精美的宣传资料，如海报、手册、折页、视频、动画等；准备活动所需的场地、设备、道具、奖品等物资。积极寻求政府、企业、社会组织等各方的支持与合作，通过项目申报、赞助合作、公益捐赠等方式，获取必要的资金和资源保障。例如，向政府申请环保宣传专项资金，与企业合作开展环保公益活动并获取物资赞助，与社会组织联合举办环保培训课程并共享资源。

开展活动：严格按照预定的计划和方案，有条不紊地开展各类宣教活动。在活动过程中，高度注重与目标受众的互动和沟通，及时收集反馈意见和建议，根据实际情况灵活调整活动内容和形式，不断优化宣教效果。例如，在环保讲座中设置互动环节，鼓励公众提问和分享经验；在线下活动中，根据公众的参与热情和反馈意见，适时调整活动流程和环节设置，增加趣味性和参与度。

5. 监测与评估

指标设定：科学合理地确定用于监测宣教效果的各类指标，包括目标行为改变率、公众知晓率、态度转变率、满意度等，以便全面、准确地衡量宣教活动对目标受众的影响。例如，通过问卷调查了解公众对环保知识的知晓率和对环保行为的态度转变情况；通过实地观察和统计分析，评估公众在日常生活中目标行为的改变程度。

定期监测：在宣教活动实施过程中，按照预定的时间节点和监测频率，定期收集相关数据，运用科学的监测方法和工具，对监测指标进行全面、准确的跟踪评估。例如，每月开展一次线上问卷调查，了解公众对特定环保行为的认知和态度变化；每季度进行一次实地调研，观察公众的行为改变情况和社会参与度。

效果评估：在宣教活动结束后，运用专业的评估方法和工具，全面系统地评估宣教工作的实际效果。对比活动前后目标受众在环境知识、态度和行为等方面的变化，深入分析宣教活动的优点和不足之处，总结经验教训，为今后的宣教工作提供宝贵的参考和改进方向。例如，通过对比宣教活动前后公众对特定环保行为的知晓率、行为改变率等关键指标，评估宣教活动的成效；组织专家和利益相关者进行座谈会，听取各方意见和建议，对宣教活动进行全面评价。

（三）行为改变倡导类宣教的方法

1．信息传播

制作宣传资料：精心设计制作内容丰富、形式多样、富有吸引力的宣传资料，如海报、手册、折页、视频、动画等，以生动形象的方式突出目标行为的重要性、实施方法和实际效果。例如，制作垃圾分类宣传手册，详细介绍垃圾分类的标准、各类垃圾的投放要求、垃圾回收利用的价值和意义，配以直观的图片和简洁明了的文字说明，便于公众理解和掌握。

举办讲座与培训：邀请专家学者、环保人士、行业精英等举办专业的讲座和培训活动，系统讲解环境知识、目标行为的相关原理和实践方法。例如，举办“绿色生活讲座”，向公众介绍绿色生活理念的内涵和外延，分享在日常生活中实现绿色生活的具体途径和技巧，如绿色饮食、绿色家居、绿色出行等方面的知识和经验。

利用媒体平台：充分利用各类媒体平台的传播优势，广泛发布环保信息和行为倡导内容，扩大宣传覆盖面。例如，在报纸上开设环保专栏，定期发布环保知识、政策解读、行为改变案例等内容；在电视台和广播电台制作环保专题节目，邀请专家进行访谈，解答公众关心的环境问题；在网络媒体上发布环保短视频、图文资讯等，吸引公众关注和传播。

2．行为示范

榜样引领：对在环保行为方面表现突出的个人和组织，树立榜样，通过媒体宣传、事迹报告、经验分享等方式，广泛传播他们的先进事迹和成功经验，激发公众的模仿学习欲望。例如，评选“环保之星”，对在垃圾分类、节能减排、生态保护等方面表现优秀的个人进行表彰和宣传，讲述他们在日常生活中如何践行环保行为，如何克服困难和挑战，为公众树立学习的榜样。

机构示范：政府部门、企事业单位、社会组织等应发挥模范带头作用，在内部积极推行环保行为，如绿色办公、节能减排、资源回收利用等，为社会做出表率。例如，政府机关推广无纸化办公，减少纸张消耗；使用节能灯具和节水器具，降低能源消耗；开展办公用品的循环利用，减少浪费。企业建设绿色工厂，采用清洁能源和环保生产技术，实现生产过程的绿色化；优化生产流程，提高资源利用率，减少污染物排放。社会组织开展绿色公益活动，倡导环保理念，传播绿色生活方式，带动更多公众参与环保行动。

家庭示范：鼓励家庭在日常生活中积极践行环保行为，如垃圾分类、节约水电、绿色消费、家庭绿化等，通过家庭的示范作用，影响身边的人，形成良好的环保氛围。例如，开展“绿色家庭”评选活动，宣传绿色家庭的生活方式和环保经验，展示他们在家庭生活中如何从点滴做起，实现绿色环保。通过家庭之间的相互学习和交流，带动更多家庭参与到环保行动中来，共同为改善环境贡献力量。

3. 激励机制

物质奖励：对积极践行目标行为的个人、家庭或组织给予实实在在的物质奖励，如奖品、奖金、优惠券等，以激发他们的积极性和持续性。例如，对参与环保竞赛获奖的团队给予物质奖励，如环保设备、节能器具、生活用品等；对在垃圾分类工作中表现突出的家庭发放超市购物优惠券，鼓励他们继续保持良好的环保行为。

荣誉表彰：颁发荣誉证书、奖章、奖杯等，对在环保行为改变方面表现突出的对象进行公开表彰，给予他们精神上的鼓励和认可。例如，对长期坚持垃圾分类的居民颁发“垃圾分类之星”荣誉证书；对在绿色出行方面做出积极贡献的个人授予“绿色出行先锋”奖章；对在环保领域表现卓越的企业颁发“环保示范企业”奖杯，提升他们的社会声誉和形象。

积分兑换：建立积分制度，公众通过践行环保行为获得相应积分，积分可用于兑换礼品、服务或享受特定优惠。例如，社区设置积分兑换点，居民通过参与垃圾分类、参加环保志愿活动、绿色出行等行为获得积分，积分可用于兑换生活用品、绿植、免费的健身服务等。通过积分兑换机制，激发公众持续参与环保行为的热情，养成良好的行为习惯。

4. 社区动员

组织社区活动：开展丰富多彩的社区环保活动，如垃圾分类宣传活动、社区绿化行动、环保知识竞赛、环保手工制作等，吸引居民广泛参与，营造浓厚的社区环保氛围。例如，组织垃圾分类宣传活动，通过现场讲解、互动游戏、案例展示等方式，向居民普及垃圾分类知识，提高居民的垃圾分类意识和能力；开展社区绿化行动，组织居民共同参与植树造林、花坛养护等活动，美化社区环境，增强居民的环保责任感。

建立社区组织：成立社区环保志愿者团队、环保协会等组织，发动居民积极参与，共同推动社区环保行动。志愿者团队和环保协会可以定期开展环保宣传、监督检查、环境整治等活动，引导居民养成良好的环保行为习惯，同时促进居民之间的交流与合作，形成社区环保的合力。

社区合作：加强社区与政府、企业、社会组织等的合作，整合各方资源，共同推动社区环保行为改变。例如，社区与政府部门合作，争取环保政策支持和资金投入，改善社区环境基础设施；与企业合作，开展环保公益活动，共同推广环保产品和技术；与社会组织合作，引入专业的环保知识和服务，提升社区环保工作水平。通过社区合作，形成全社会共同参与社区环保的良好局面。

（四）典型事例解析

1. 案例背景

随着经济的快速发展和机动车保有量的不断增加，某城市面临着日益严重的交通拥堵和空气污染问题。为有效改善这一状况，当地政府决定开展以“绿色出行，低碳生活”为主题的行为改变倡导类宣教活动，旨在鼓励公众减少私家车使用，更多地选择公共交通、自行车或步行等绿色出行方式。

2. 宣教过程

行为分析与需求评估：当地政府组织专业团队，通过问卷调查、交通流量监测、居民访谈等多种方式，深入了解公众的出行方式、对绿色出行的认知和态度，以及影响绿色出行的主要因素。调查结果显示，公众对绿色出行的认知程度较低，对公共交通线路和自行车道的分布情况了解不足，同时担心绿色出行会增加出行时间和不便性。

目标设定：确定总体目标为在一年内，使城市居民的绿色出行比例提高 20%。具体目标包括：在半年内，使公众对绿色出行的知晓率达到 80%；在一年内，使公共交通的客流量增加 15%，自行车出行率提高 10%。

策略制定：制作全面、详细的绿色出行宣传资料，包括宣传手册、海报、短视频等，内容涵盖绿色出行的好处，如减少污染、缓解交通压力等。

五、政策法规宣传类宣教

（一）政策法规宣传类宣教概述

1. 定义与内涵

政策法规宣传类宣教，作为环境宣教项目的关键构成，是将环境相关政策法规，以通俗易懂、深入浅出的方式，全方位、多层次地向社会各界传播的系统性活动。其核心目的在于让公众不仅熟悉条文内容，更能深入领会政策法规背后的深远意义与价值追求，从而使公众自觉践行环保行动，主动维护生态环境。以《中华人民共和国水污染防治法》为例，宣传时不仅要普及禁止向水体排放污染物等规定，还要阐释其对保障水资源安全、维护生态平衡的重要作用，让公众深刻认识到自身行为与水生态环境的紧密联系。

2. 重要性

夯实政策法规执行根基：完善的环境政策法规是环境保护的制度基石，但如果缺乏有效的宣传，就难以转化为公众的自觉行动。通过广泛深入的宣教，能让企业清楚认识到合法排污的边界，促使其积极采用环保生产工艺；让公众明晰自身在环保中的责任，积极参与监督，从而确保政策法规落到实处。

全方位提升公众环保素养：在政策法规宣传过程中，公众不仅能获取法律知识，更能在思想层面深刻理解环境保护的紧迫性与重要性，从而自觉培养绿色生活方式，如选择环保家居用品、践行绿色出行等。同时，公众的法治观念也在不断增强，学会运用法律武器维护自身环境权益，形成全民参与环保的良好风尚。

促进社会可持续和谐发展：良好的生态环境是社会和谐稳定的前提。政策法规宣传类宣教能够引导社会各界正确处理经济发展与环境保护的关系，减少因环境问题引发的矛盾纠纷，保障经济社会的健康、稳定、可持续发展。

3. 目标受众

普通公众：普通公众的日常生活行为对环境影响广泛。向他们宣传政策法规，能引导公众在日常生活中践行环保理念，如自觉进行垃圾分类、合理使用水电资源等，从点滴小事做起，为环境保护贡献力量。

企业经营者与从业者：企业是经济活动的主体，也是环境污染的主要源头之一。针对企业开展政策法规宣传，能帮助企业了解环保要求，主动采取节能减排、清洁生产等措施，降低环境风险，实现经济效益与环境效益的双赢。

政府部门工作人员：政府在环境保护中承担着监管与引导的关键职责。提升政府部门工作人员对政策法规的理解与执行能力，有助于其准确履行职责，严格执法，确保环保政策法规的有效实施。

社会组织与志愿者：社会组织与志愿者是环保宣传的重要补充力量。向他们宣传政策法规，能使其在开展环保公益活动时，更好地发挥引领作用，动员更多社会力量投身于环保事业。

（二）政策法规宣传类宣教流程

1. 需求评估

精准确定调研内容：全面、深入地了解目标受众对现有环境政策法规的认知程度、理解深度、态度倾向以及在实际执行中遇到的问题与困难。例如，了解公众对土壤污染防治政策的知晓情况，以及企业在执行环保税政策时面临的具体问题。

科学选择调研方法：

1）问卷调查：精心设计涵盖政策法规认知、态度、行为等多维度内容的问卷，借助线上平台、社区实地发放等方式，广泛收集数据。问卷题型应丰富多样，包括选择题、简答题、量表题等，以全面获取受众信息。

2）深度访谈：针对不同类型的目标受众，如政府官员、企业负责人、普通居民等，开展一对一或小组访谈。深入挖掘他们对政策法规的看法、建议以及潜在需求，为宣传工作提供有价值的参考。

3）案例分析：系统收集并深入分析政策法规实施过程中的典型案例，总结成功经验与存在的问题，为宣传策略的制定提供实践依据。

深入分析调研结果：运用统计分析软件对问卷数据进行量化分析，精准把握目标受众在政策法规认知与执行方面的现状和差距。同时，对访谈和案例分析数据进行定性分析，提炼关键信息，明确宣传工作的重点与方向。

2. 目标设定

明确总体目标：清晰界定政策法规宣传类宣教的长期战略方向，如在一定时期内，大幅提升社会公众对重要环境政策法规的知晓率与认同感，营造全社会积极遵守政策法规的良好氛围。

细化具体目标：将总体目标分解为可量化、可操作、有时限的具体目标。例如，在半年内，使某城市公众对新出台的《中华人民共和国固体废物污染环境防治法》的知晓率达到 85%；在一年内，使某工业园区企业对环保政策法规的合规执行率提高 40% 等。

3. 策略制定

（1）精心策划宣传内容

突出核心要点：根据目标受众的需求特点与政策法规的核心内容，精准确定宣传重点。对于普通公众，重点宣传与日常生活紧密相关的政策法规，如生活噪声污染防治、饮用水水源保护等；对于企业，重点宣传环境影响评价、排污许可管理等关键规定。

深度解读内涵：不仅要宣传政策法规的条文内容，更要深入剖析其立法目的、价值意义以及实施要求，帮助受众从本质上理解政策法规，增强遵守的自觉性与主动性。

结合实际案例：通过真实、生动的案例分析，直观展示政策法规的实际应用与实施效果，让受众更容易理解和接受，提高宣传的说服力。

（2）合理选择宣传渠道

传统媒体深度报道：充分发挥电视、广播、报纸、杂志等传统媒体的权威性与广泛影响力，开设环保政策法规专题栏目、开展系列报道等，进行深度解读与宣传。例如，电视台制作“环保政策法规面对面”系列节目，邀请专家与政府官员深入解读政策法规，解答公众疑问。

新媒体互动传播：借助互联网、社交媒体等新媒体平台的便捷性与互动性，如微信公众号、微博、抖音等，发布政策法规解读文章、短视频、动画等多元内容，吸引公众关注和参与讨论。例如，在微博上发起 “环保政策法规大家谈” 话题讨论，引导公众分享看法与经验。

线下活动精准宣传：组织开展政策法规宣传讲座、培训、咨询活动等，深入社区、企业、学校、乡村等场所，与目标受众进行面对面的交流与沟通，提供个性化的宣传服务。

4. 实施与执行

组建专业高效团队：选拔和培养一批熟悉环境政策法规、具备良好沟通能力与宣传技巧的专业人员，组建宣教团队。团队成员应涵盖法律专家、环保专业人士、媒体工作者、心理咨询师等，确保宣传内容的准确性、专业性与吸引力。

精心制作宣传资料：根据宣传策略，精心设计制作形式多样、内容丰富的宣传资料，如宣传手册、海报、折页、视频、动画等。宣传资料要语言简洁明了、图文并茂、生动有趣，符合不同受众的阅读习惯与审美需求。

有序开展宣传活动：按照预定计划，有条不紊地开展各类宣传活动。在活动过程中，注重与目标受众的互动交流，及时解答疑问，收集反馈意见，根据实际情况灵活调整宣传内容与方式，强化宣传效果。

5. 监测与评估

科学设定监测指标：确定一系列科学合理、可操作性强的监测指标，用于衡量宣教效果，如政策法规知晓率、理解率、受众满意度、行为改变率、企业合规率等。这些指标应能够全面、客观地反映宣教工作的成效。

定期跟踪监测数据：在宣教活动实施过程中，定期通过问卷调查、实地观察、访谈、大数据分析等方式收集数据，对监测指标进行动态跟踪评估。例如，每月开展一次线上问卷调查，了解公众对政策法规的知晓与理解情况。

全面评估效果与反馈：在宣教活动结束后，运用科学的评估方法，全面评估活动效果。对比活动前后监测指标的变化情况，深入分析宣教工作的优点与不足，总结经验教训。将评估结果及时反馈给相关部门与人员，为今后的宣教工作提供有力参考与改进方向。

（三）政策法规宣传类宣教的方法

1. 专题讲座与培训

面向公众的普及讲座：在社区活动中心、图书馆、文化广场等公共场所举办环境政策法规普及讲座，邀请资深法律专家、知名环保学者、一线执法人员等进行授课。讲座内容要紧密结合日常生活实际，以通俗易懂的语言、生动鲜活的案例，向公众讲解政策法规的主要内容、应用方法与注意事项。例如，举办“身边的环保法律知识”讲座，介绍居民在日常生活中可能遇到的环保法律问题及应对策略。

针对企业的专业培训：根据企业的行业特点、规模大小与环保需求，开展具有针对性的环保政策法规培训。培训内容涵盖环境影响评价、排污许可管理、污染防治设施运行维护、环境应急管理等方面的法规要求与操作实务。通过培训，帮助企业提升环境管理水平，增强环保合规意识，降低环境风险。例如，为制药企业举办“制药行业环保政策法规解读与应对策略”培训，指导企业如何在生产经营中严格遵守相关法规。

政府部门内部培训：为提升政府部门工作人员的政策水平与执法能力，组织开展系统的内部培训。培训内容包括环境政策法规的最新动态、执法程序与标准、典型案例分析、执法技巧与沟通方法等。通过培训，强化政府部门工作人员对政策法规的理解与执行能力，确保执法工作的公正、规范、高效。

2. 媒体宣传

传统媒体深度报道：电视、广播、报纸、杂志等传统媒体充分发挥自身优势，通过开设专题栏目、制作系列报道、推出深度评论等方式，对环境政策法规进行全方位、多角度的深度解读与宣传。例如，电视台制作“环保政策法规解读”系列节目，邀请专家学者、政府官员、企业代表等进行访谈，深入分析政策法规的背景、目标、实施效果以及对社会经济发展的影响；报纸开设“环保法解读”专栏，连载文章详细介绍环保法的各项条款，剖析立法原意与实践应用。

新媒体互动传播：利用微信公众号、微博、抖音、哔哩哔哩网站等新媒体平台的便捷性、互动性与传播优势，发布政策法规解读文章、短视频、动画、H5 页面等多元内容，以生动有趣、通俗易懂的形式吸引公众关注。同时，开展线上互动活动，如政策法规知识问答、线上直播讲座、话题讨论、案例分享等，提高公众的参与度与学习积极性。例如，在微信公众号上开展“环保政策法规知识竞赛”活动，设置丰富奖品，激励公众积极参与答题，学习政策法规知识。

公益广告宣传：精心制作环境政策法规公益广告，在电视、广播、户外广告牌、公交车、地铁、电梯轿厢等媒体平台广泛播放与展示。公益广告要主题鲜明、形式新颖、富有感染力，能够在短时间内吸引公众注意力，传达政策法规的核心信息，激发公众的环保意识与责任感。例如，制作“守护蓝天碧水，遵守环保法规”公益广告，通过展示环境污染的严峻现状与遵守法规后的美好环境愿景，呼吁公众积极遵守环保政策法规。

3. 宣传资料发放

制作宣传手册和折页：组织专业人员编写内容全面、条理清晰、通俗易懂的环境政策法规宣传手册和折页，涵盖政策法规的主要内容、实施要点、常见问题解答、案例分析等。宣传手册和折页要设计精美、排版合理、便于携带，方便公众随时查阅学习。例如，制作《环保政策法规实用指南》宣传手册，发放给社区居民、企业员工、学校师生等，作为他们学习政策法规的实用工具书。

印发海报和标语：设计制作具有视觉冲击力、富有创意的海报和标语，张贴在社区公告栏、学校宣传栏、企业厂区、公共场所出入口等显著位置。海报和标语的内容要简洁明了、朗朗上口、突出重点，能够有效吸引公众注意力，起到宣传警示作用。例如，在社区张贴 “垃圾分类新时尚，遵守法规共担当” 海报，提醒居民积极参与垃圾分类，遵守相关政策法规。

利用新媒体平台推送电子资料：通过微信公众号、政府官网、企业内部网络等媒体平台，定期推送环境政策法规的电子宣传资料，如电子文档、音频视频等。方便公众随时随地获取学习，提高宣传资料的传播效率与覆盖面。

4．社区与乡村宣传活动

社区宣传活动：在社区组织开展形式多样、丰富多彩的环保政策法规宣传活动，如环保知识竞赛、文艺演出、主题展览、亲子环保活动等。通过这些活动，吸引社区居民广泛参与，在轻松愉快的氛围中学习政策法规知识，增强环保意识。例如，举办 “社区环保政策法规知识竞赛”，设置与日常生活密切相关的政策法规题目，激发居民的学习兴趣与竞争意识，提高参与度。

乡村宣传活动：结合乡村地区的实际情况与农民的文化需求，开展具有针对性、接地气的宣传活动。利用农村集市、文化下乡活动、村民大会等时机，通过发放宣传资料、现场讲解、文艺表演、播放露天电影等方式，向农民宣传环保政策法规。例如，在农村集市上设置宣传摊位，发放《农村环保政策法规宣传手册》，向农民讲解农业面源污染防治、畜禽养殖污染治理、农村生活污水治理等方面的政策法规知识；组织文艺团队编排环保题材的小品、相声、戏曲等节目，在乡村巡回演出，以群众喜闻乐见的形式传播环保政策法规。

建立社区和乡村环保宣传志愿者队伍：广泛招募和培训社区与乡村环保宣传志愿者，充分发挥他们熟悉当地情况、贴近群众的优势，开展政策法规宣传与监督工作。志愿者可以定期上门走访，向居民宣传政策法规，了解居民的环保需求与意见建议，及时反馈给相关部门；协助社区和乡村开展环保宣传活动，组织居民参与环保实践，共同营造良好的生态环境。

（四）典型事例解析

1．案例背景

某地级市在推进生态环境保护工作中，发现部分工业企业存在违规排放污染物的问题，主要原因是企业对环保政策法规了解不足，环保意识淡薄。同时，当地居民对环保政策法规的知晓率较低，缺乏参与环保监督的意识与能力。为扭转这一局面，当地政府联合环保社会组织、企业等多方力量，开展了一场大规模、全方位的环境政策法规宣传类宣教活动。

2．宣教过程

需求评估：通过问卷调查、企业访谈、社区走访、大数据分析等多种方式，对当地企业和居民对环保政策法规的认知、态度、行为等进行了全面深入的需求评估。结果显示，大部分企业对环保政策法规的了解仅停留在表面，对具体的排放标准、审批程序、处罚措施等缺乏深入了解；居民对环保政策法规的知晓率不足 40%，且对如何参与环保监督、维护自身环境权益感到困惑。

目标设定：总体目标是在一年内显著提升当地企业和居民对环保政策法规的知晓率、理解率与遵守意识，形成良好的环保氛围。具体目标包括：在半年内，使企业对环保政策法规的知晓率达 95%以上，居民知晓率达 75%以上；在一年内，使企业违法排污行为减少 60%，居民参与环保监督的投诉举报数量增长 100%。

策略制定：

1）宣传内容策划：针对企业，重点宣传排污许可管理、环境影响评价、污染物排放标准、环保税征收等内容；针对居民，重点宣传生活垃圾分类、噪声污染防治、饮用水水源保护、环保投诉举报渠道等内容。同时，制作了大量结合实际案例的宣传资料，如《企业环保法规实用手册》《居民环保知识读本》《环保政策法规案例集》等。

2）宣传渠道选择：综合运用多种宣传渠道。利用当地电视台、广播电台开设环保政策法规专栏，每周定期播出政策解读节目；在政府官网、微信公众号、微博等媒体平台上实时发布政策法规信息、宣传资料与活动动态；组织开展进企业、进社区、进乡村、进学校、进机关的线下宣传活动，举办讲座、培训、咨询会、知识竞赛等。

实施与执行：组建了由生态环境部门工作人员、法律专家、环保社会组织志愿者、媒体记者组成的宣教团队，负责活动的组织与实施。在半年内，举办企业环保培训讲座 15 场，培训企业管理人员 800 余人次；在社区和乡村举办环保知识讲座和宣传活动 50 场，发放宣传资料 8 万余份；在电视台播出环保政策法规专题节目 18 期，在微信公众号发布政策法规相关文章 80 余篇；开展线上线下环保知识竞赛 3 次，吸引 5 万余人参与。

监测与评估：设定了政策法规知晓率、理解率、企业违法排污行为发生率、居民参与环保监督情况、受众满意度等监测指标，每月进行一次监测评估。通过问卷调查、实地检查、投诉举报数据分析、线上互动反馈等方式收集数据，根据监测结果及时调整宣传策略与方法，确保宣传工作的针对性与有效性。

3. 宣教效果

经过一年的努力，当地企业对环保政策法规的知晓率达到了 98%，居民知晓率达到了 85%。企业违法排污行为减少了 70%，居民参与环保监督的投诉举报数量增长了 150%。通过这次宣教活动，当地的环保氛围明显改善，企业和居民的环保意识与法治观念显著增强，为生态环境保护工作的顺利开展奠定了坚实基础。

4. 经验启示

精准需求评估是前提，多元渠道融合是关键：通过深入细致的需求评估，精准把握目标受众的现状与需求，为制定科学合理、针对性强的宣传策略提供了有力依据，确保了宣教工作有的放矢、成效显著。

六、特定环境问题应对类宣教

（一）特定环境问题应对类宣教概述

1. 定义与内涵

特定环境问题应对类宣教，是环境宣教领域中极具针对性的重要分支。它聚焦于某一具体且严峻的环境难题，如日益严重的雾霾、突发的海洋石油泄漏、土壤重金属污染等，旨在将专业知识、应对策略、政策法规以及切实可行的行动方案，精准有效地传递给社会大众、相关利益群体，从而全方位提升公众对问题的认知深度，增强其应对能力，激发公众积极投身于解决环境问题的行动当中。这一宣教形式，绝非简单的信息告知，而是系统性地为公众构建起从认识问题到解决问题的知识体系与行动指南。以应对严重的雾霾为例，宣教内容不仅涵盖雾霾的成因、危害，还包括如何通过日常实际行动减少雾霾天气，雾霾发生时减少身体损害的方法、减轻雾霾的措施，以及如何从根本上改善生态环境等。

2. 重要性

提升公众应对能力：特定环境问题往往与公众的日常生活和健康息息相关。通过有效的宣教，公众能够深入了解问题的本质、潜在危害以及应对技巧，从而在面对环境问题时，能够迅速做出正确反应，采取有效的防护和应对措施，最大限度地减少环境问题对自身生活和健康的负面影响。例如，在面对水污染问题时，通过水污染知识普及，如水污染的辨别、水污染应急措施、水污染的防治等，能显著提升居民保护水资源、防范水污染侵害的能力。

促进社会协同解决问题：环境问题的复杂性决定了其解决需要全社会的共同参与。特定环境问题应对类宣教，能够凝聚起政府、企业、社会组织和公众等各方力量，形成强大的合力。不同群体在清晰了解问题后，能够明确自身在解决问题中的角色和责任，充分发挥各自优势，共同攻克环境难题。例如，在城市黑臭水体治理中，政府负责统筹规划和政策制定，企业投入资金和技术进行污水处理设施建设与运营，社会组织开展宣传和监督活动，公众则积极参与爱河护河行动，共同推动水体环境的改善。

推动可持续发展：有效应对特定环境问题，是实现可持续发展的必要条件。通过宣教，引导公众和社会各界树立可持续发展理念，践行绿色低碳的生产生活方式，减少对自然资源的过度开发和对生态环境的破坏，为子孙后代留下一个美丽宜居的家园。例如，在应对水资源短缺问题时，宣传节水灌溉技术、中水回用等措施，有助于提高水资源利用效率，保障水资源的可持续供应。

3. 目标受众

普通公众：作为环境问题的直接影响者，普通公众迫切需要了解特定环境问题的相关知识和应对方法，以保护自身及家人的健康与安全，同时积极参与到环保行动中，为改善环境贡献力量。例如，在应对食品安全相关的土壤污染问题时，公众需要掌握如何辨别安全农产品、参与土壤污染监督的途径等知识。

企业：企业的生产经营活动对环境有着深远影响。对于特定环境问题，企业需要深入了解相关政策法规、先进技术标准和应对策略，以降低自身活动对环境的负面影响，同时抓住环保产业发展的机遇，实现绿色转型。例如，化工企业在应对水污染问题时，不仅要掌握先进的污水处理技术，确保达标排放，还要积极探索绿色生产工艺，实现可持续发展。

政府部门工作人员：政府在环境管理和问题解决中承担着关键的领导和监管职责。政府部门工作人员需要全面深入地了解特定环境问题的实际情况，熟练掌握应对政策和措施，以便科学制定规划和决策，高效组织和实施环境治理工作。例如，生态环境部门工作人员在应对大气污染问题时，需要精通空气质量监测、污染源排查、应急响应等工作流程和技术方法，确保各项治理措施有效落实。

社会组织和志愿者：社会组织和志愿者是推动环境问题解决的重要补充力量。他们通过开展形式多样的宣传教育和环保公益活动，动员广大公众积极参与环保行动。通过特定环境问题应对类宣教，社会组织和志愿者能够进一步提升自身能力，充分发挥自身优势，提高宣传教育效果，带动更多公众投身于环境问题的解决中。例如，环保志愿者在应对海洋垃圾问题时，通过组织海滩清洁活动，向公众宣传海洋保护知识，增强公众的海洋环保意识。

（二）特定环境问题应对类宣教流程

1. 问题识别与分析

确定目标问题：广泛收集环境监测数据、科研成果报告、社会热点事件等多方面信息，运用科学的分析方法，精准确定需要开展宣教的特定环境问题。例如，某地区连续出现酸雨现象，通过对气象数据、工业排放数据的分析，结合当地居民的反馈，确定将酸雨问题作为宣教重点。

分析问题成因：深入研究目标环境问题的产生根源，全面剖析自然因素和人为因素。以酸雨问题为例，自然因素可能包括火山喷发释放的酸性气体、大气环流等，人为因素则可能包括工业废气排放、机动车尾气排放、煤炭燃烧等。只有准确把握问题成因，才能为后续的宣教内容和策略制定提供坚实的科学依据。

评估问题影响：运用专业的评估方法，全面系统地评估特定环境问题对生态系统、人类健康、社会经济等方面造成的影响。例如，酸雨对森林生态系统的破坏，导致树木枯萎死亡；对水体生态系统的影响，使鱼类等水生生物生存环境恶化；对人类健康的危害，如引发呼吸道疾病等；对建筑、文物等造成的腐蚀损害，影响社会经济发展。通过详细评估，明确问题的严重性和紧迫性，引起公众对问题的高度关注。

2. 目标设定

总体目标：明确特定环境问题应对类宣教的长期战略方向和宏伟愿景，如在一定时期内，显著提升公众对特定环境问题的认知水平，促使社会各界形成协同高效的应对行动，实现环境问题的根本性改善。例如，对于土壤重金属污染问题，总体目标可以设定为在 10 年内，大幅提高公众对土壤重金属污染的认知程度，推动土壤修复工作取得显著成效，使受污染土壤面积明显减少。

具体目标：将总体目标细化为一系列可量化、可操作、有时限的具体目标。例如，在半年内，使某地区公众对土壤重金属污染的知晓率达到 85%；在一年内，推动该地区重点污染企业开展土壤污染自查自纠工作；在三年内，使该地区土壤重金属污染治理项目开工率达到 50%等。

3. 策略制定

（1）内容策划

知识传播：系统全面地传播特定环境问题的科学知识，包括问题的成因、危害、发展趋势及潜在风险等。例如，在应对生物多样性减少问题时，向公众普及生物多样性的概念、重要性，以及物种灭绝速度加快的现状和原因。

应对措施介绍：详细深入地介绍针对特定环境问题的各类应对方法和技术，涵盖个人、家庭、企业和政府等不同层面的行动策略。例如，在应对气候变化问题时，介绍个人的低碳生活方式，如绿色出行、节约能源；家庭的节能减排措施，如使用节能电器、合理设置空调温度；企业的绿色生产技术，如可再生能源利用、清洁生产工艺；政府的政策措施，如碳税政策、碳排放交易机制等。

成功案例分享：广泛收集并分享国内外在应对类似环境问题方面的成功经验和典型案例，通过真实生动的故事，激发公众的信心和行动意愿。例如，介绍某城市通过实施垃圾分类和资源回收利用政策，成功实现垃圾减量和资源循环利用的案例，为其他城市提供借鉴。

（2）渠道选择

传统媒体：充分利用电视、广播、报纸、杂志等传统媒体的广泛覆盖面和强大权威性，制作并发布专题报道、深度访谈、专家评论、公益广告等多样化的宣教内容。例如，电视台制作关于海洋生态保护的专题纪录片，深入剖析海洋污染问题及保护措施；报纸开设环保专栏，连载大气污染防治知识和政策解读文章。

新媒体平台：借助互联网、社交媒体等新媒体的便捷性、互动性和传播速度优势，发布图文并茂、生动有趣的宣教内容，如短视频、动画、H5 页面等，同时开展线上互动活动，如知识问答、话题讨论、直播讲座等，增强公众的参与感和学习积极性。例如，在抖音上发布关于垃圾分类的趣味短视频，吸引大量用户关注和转发；在微信公众号上开展“环保知识挑战赛”，激发公众学习环保知识的热情。

线下活动：精心组织开展各类丰富多彩的线下活动，如科普讲座、技能培训、主题展览、环保公益活动等，与目标受众进行面对面的深度交流和互动。例如，举办“水污染防治知识讲座”，邀请专家为公众讲解水污染防治知识和实用技巧；开展“地球一小时”公益活动，组织公众共同参与节能减排行动，同时宣传环保理念。

4．实施与执行

组建团队：精心选拔和组建一支专业素养高、综合能力强的宣教团队，团队成员应具备环境科学、传播学、社会学、心理学等多学科知识背景和丰富的实践经验。同时，明确团队成员的职责分工，确保宣教工作的各个环节有序推进。例如，团队中环境专家负责提供专业知识支持和技术指导，传播人员负责宣传内容的策划和创意设计，活动组织者负责线下活动的组织实施和现场协调，志愿者负责协助开展宣传和服务工作。

资源准备：全面充分地准备宣教所需的各类物资和资金，包括宣传资料（海报、手册、折页、视频等）、活动场地、活动道具、设备设施等。积极主动地寻求政府、企业、社会组织等各方的支持与合作，通过项目申报、赞助合作、公益捐赠等方式，获取必要的资金和资源保障。例如，向政府申请环保宣传专项资金，与企业合作开展环保公益活动并获取物资赞助，与社会组织联合举办环保培训课程并共享资源。

活动开展：严格按照预定的计划和方案，有条不紊地开展各类宣教活动。在活动过程中，高度注重与目标受众的互动和沟通，及时收集反馈意见和建议，根据实际情况灵活调整活动内容和形式，不断优化宣教效果。例如，在环保讲座中设置互动环节，鼓励公众提问和分享经验；在线下活动中，根据公众的参与热情和反馈意见，适时调整活动流程和环节设置。

5．监测与评估

监测指标设定：科学合理地确定用于监测宣教效果的各类指标，包括公众对特定环境问题的认知度、态度转变情况、行为改变程度，社会各界对环境问题的关注度和参与度，以及环境问题本身的改善情况等。例如，通过问卷调查了解公众对气候变化问题的认知程度和应对态度；通过实地观察和统计分析，评估公众在日常生活中践行低碳生活方式的行为改变情况；通过环境监测数据，评估大气污染、水污染等环境问题的改善程度。

定期监测：在宣教活动实施过程中，按照预定的时间节点和监测频率，定期收集相关数据，运用科学的监测方法和工具，对监测指标进行全面、准确的跟踪评估。例如，每月开展一次线上问卷调查，了解公众对特定环境问题的认知和态度变化；每季度进行一次实地调研，观察公众的行为改变情况和社会参与度。

效果评估：在宣教活动结束后，运用专业的评估方法和工具，全面系统地评估宣教工作的实际效果。对比活动前后目标受众在环境知识、态度和行为等方面的变化，深入分析宣教活动的优点和不足之处，总结经验教训，为今后的宣教工作提供宝贵的参考和改进方向。例如，通过对比宣教活动前后公众对特定环境问题的知晓率、行为改变率等关键指标，评估宣教活动的成效；组织专家和利益相关者进行座谈，听取各方意见和建议，对宣教活动进行全面评价。

（三）特定环境问题应对类宣教的方法

1．科普教育

学校教育：将特定环境问题应对知识全面纳入学校课程体系，根据不同年龄段学生的认知水平和特点，设计并实施具有针对性的教育内容和活动。在幼儿园阶段，通过绘本阅读、儿歌传唱、游戏互动等形式，培养幼儿对大自然的热爱和环保意识；在小学阶段，开展主题班会、科普讲座、校园环保活动等，让学生了解环境问题的基础知识和应对方法；在中学阶段，开设环境科学选修课程，系统传授环境问题的科学原理、应对策略和实践技能；在大学阶段，鼓励学生参与环境科研项目、社会实践和志愿者活动，培养学生的环境问题分析和解决能力，以及社会责任感。

社区科普：在社区层面，组织开展形式多样、丰富多彩的科普活动，如科普讲座、展览展示、科普读物发放、环保实践活动等，向居民普及特定环境问题的知识和应对方法。例如，举办“土壤污染防治科普讲座”，邀请专家为社区居民讲解土壤污染的成因、危害和防治措施；在社区设置科普宣传栏，定期更新展示大气污染防治、水污染治理等方面的知识和信息；组织社区居民参与垃圾分类宣传和实践活动，提高居民的环保意识和行动能力。

线上科普平台：充分利用互联网平台的优势，建立专门的环境科普网站、微信公众号、App 等线上科普平台，整合丰富的科普资源，发布形式多样、生动有趣的科普知识，包括文章、图片、视频、动画、互动游戏等，满足不同受众的学习需求。例如，创建“环保科普在线”微信公众号，定期推送关于生物多样性保护、气候变化应对、垃圾分类等方面的科普文章和短视频，同时设置在线答疑、知识测试等互动功能，增强用户的参与度和学习效果。

2．案例教学

编写案例教材：广泛收集和整理国内外特定环境问题应对的成功案例和失败案例，组织专业人员编写成具有系统性、实用性和启发性的案例教材。案例教材应包括详细的案例背景、问题描述、应对措施、实施过程、实施效果、经验教训等内容，通过真实生动的案例，引导读者深入理解环境问题的复杂性和应对策略的多样性。例如，编写《水污染治理案例集》，选取不同地区、不同类型的水污染治理案例，分析其成功经验和存在的问题，为相关人员提供借鉴和参考。

开展案例教学活动：在学校、企业、社区等场所，组织开展案例教学活动。通过案例分析、小组讨论、角色扮演、实地考察等方式，引导受众深入了解特定环境问题的应对策略和方法，培养其分析问题、解决问题的能力和创新思维。例如，在企业环保培训中，运用案例教学法，分析同行业企业在污染治理方面的成功案例，引导企业学习借鉴先进经验，同时结合自身实际情况，制定适合本企业的环保措施。

案例分享会：定期举办特定环境问题应对案例分享会，邀请相关专家、政府官员、企业代表、社会组织代表、环保志愿者等，分享自己在应对环境问题过程中的经验和做法。通过案例分享会，促进不同群体之间的交流和学习，激发新思路和新方法，共同推动环境问题的解决。例如，举办“大气污染防治案例分享会”，邀请在大气污染治理方面取得显著成效的城市代表、企业代表和专家学者，分享其治理经验、技术创新和政策措施，为其他地区和企业提供参考和经验。

3．政策引导

政策宣传：通过多种渠道，如政府官网、新闻媒体、社交媒体、线下宣传活动等，向社会公众广泛宣传与特定环境问题应对相关的政策法规、标准规范和激励措施。例如，宣传国家关于大气污染防治的法律法规，如《中华人民共和国大气污染防治法》；宣传政府对新能源汽车的补贴政策、对可再生能源发电的扶持政策等，引导公众和企业积极响应。

政策解读：组织专家、政府官员等对政策法规进行深入解读，通过举办政策解读会、发布政策解读文章、制作政策解读视频等方式，帮助公众理解政策的目标、内容、实施要求和预期效果。例如，举办政策解读会，对新出台的土壤污染防治政策进行详细解读，解答公众的疑问；在政府网站上发布政策解读文章，从专业角度分析政策的重点和难点，为公众提供参考。

政策反馈：建立健全政策反馈机制，通过问卷调查、座谈会、意见箱、在线留言等方式，广泛收集公众对政策的意见和建议，及时了解政策实施过程中存在的问题和不足，为政策的调整和完善提供依据。例如，通过问卷调查了解公众对垃圾分类政策的实施效果和意见建议，根据反馈结果优化政策措施，提高政策的科学性。

任务二 总体策划和主题的确定

一、环境宣教总体策划

随着工业化和城市化的不断发展，环境问题已经成为世界面临的重大问题。世界各国纷纷制定并实施了一系列关于环境保护的政策和法规。然而，保护环境需要人们的支持和合理的引导，这就需要环境宣教工作的积极开展。

（一）环境宣教活动策划原则

1. 宣传教育要贴近实际

环境宣教工作需要紧紧围绕实际情况展开，深入调研和分析当前环境状况与问题，了解人们对环境保护的认识，寻找问题的根源和解决途径。只有这样才能制定出具有针对性和实效性的宣教方案，引导公众正确理解环境问题，形成共识，推动环境保护工作落地。

2. 宣传教育要有针对性

针对性是宣传教育工作的重要特点。环境宣教需要根据不同人群、不同区域、不同环境问题制定相应的宣传教育方案。例如，对于城市居民，可以通过各种宣传方式向他们传递节约用水、垃圾分类等生态环境保护知识；对于农村居民，可以通过宣传技术改良、草地恢复、水土保持等方式帮助农民提高环境保护意识和技能水平。

3. 宣传教育要多样化

环境宣教需要多种手段和方式，深入人心。除了传统的宣传手段和场所外，还可以借助新媒体、社交媒体等方式进行宣传教育。此外，还可以通过生态环境保护游戏、实践活动等形式开展宣传教育，让公众在游戏和实践中体会生态环境保护知识的重要性，激发公众保护环境的意识。

4. 宣传教育要因地制宜

生态环境保护工作需要因地制宜，不同区域和地域的环境问题和工作任务是不同的，因此宣传教育也应该因地制宜。例如，进一步强化信息化宣传，让更多的人了解本地的环境保护工作，促进社会各界形成重视环境保护的氛围。

【生态环境保护科普】

我们日常使用的电池是靠化学作用，通俗地讲就是靠腐蚀作用产生电能的。而其腐蚀物中含有大量的重金属和类金属污染物——镉、汞、锰等。当其被废弃在自然界时，这些有毒物质便慢慢从电池中溢出，进入土壤或水源，再通过农作物进入人的食物链。这些有毒物质在人体内会长期积蓄难以排除，损害神经系统、造血功能、肾脏和骨骼，有的还能够致癌。那么如何通过公众行动减少电池对环境的污染呢？在此提出倡议：

一是减少电池废弃量。

日常生活中优先选择可充电的镍氢电池、锂电池等替代一次性电池，既能降低废电池产生量，又能减少资源浪费。同时拒绝低档伪劣产品，低档电池汞含量超标且寿命短，易增加污染风险，因此应购买符合国家标准的高性能电池。

二是推广电池电能梯级利用。

将高耗电设备（如玩具）用后的电池，转用于遥控器、钟表等低耗电器，最大限度利用剩余电量，减少废电池产生。

三是正确分类投放废电池。

对于普通无汞干电池（碱性锌锰电池，如无汞标识的 5 号、7 号电池)，可直接投入“其他垃圾”箱，无须集中回收。对于铅酸电池（电动车电池)、纽扣电池、手机锂电池等含重金属或有害物质的电池，必须投放至“有害垃圾”箱或指定回收点。在旅行中，也要避免在景区随意丢弃相机电池，随身携带至有分类设施的场所投放。

四是积极参与环保宣传与回收行动。

我们可以通过社区活动、学校讲座了解废电池危害及分类知识，主动向亲友传播正确处理方法。也可以积极参与电池回收活动。

总之，公众行动的核心在于源头减量、科学利用、精准投放。通过日常习惯改变和积极参与回收体系，可显著降低电池对土壤、水体的重金属污染风险。

5. 宣传教育要加强合作

环境问题需要政府、企业、公民和社会组织的共同参与，因此环境宣教需要政府、企业等各方的合作。各个部门应该加强合作，共同推进生态环境保护工作。政府要加强环境政策的宣传，引导企业和公民遵守环境法律与规定。企业应该加强生态环境保护宣传，培养员工生态环境保护意识，并倡导生态环境保护生产。公民要积极参与生态环境保护活动，增强自我生态环境保护意识和能力。

总之，环境宣教工作是推动生态环境保护工作的重要手段，需要因地制宜、针对性强、多样化，并且切实可行。只有这样，在不断推进环境保护工作的同时，也能深入人心，引导公众重视环境问题，共同为环境的健康和可持续发展贡献力量。

（二）环境宣教活动策划要点

1. 明确目标与主题

明确宣教活动的具体目标，如提高垃圾分类准确率、减少一次性塑料使用、推广绿色出行等。这些目标应具有可衡量性，以便评估活动效果。根据目标受众的特点和需求，选择一个吸引人且与环境问题紧密相关的主题。主题应突出环保理念，易于理解和记忆，能够激发受众的兴趣和参与热情。

2. 深入调研与准备

了解目标受众的环保认知、行为习惯和关注点，以便制定更具针对性的宣教内容。收集最新的环保资讯、案例和数据，确保宣教内容的准确性和权威性。同时，结合受众特点，设计生动有趣的宣教材料和互动环节。此外，选择一个合适的场地，确保活动的顺利进行。同时，准备好所需的物资和设备，如宣传海报、视频、音响等。

3. 多样化活动形式

可以通过讲座与研讨会，邀请环保专家、学者或从业者就环境热点问题进行讲解和交流，提高受众的环保知识水平。也可以举办展览与体验活动，通过图片、文字、实物展示等形式，呈现环境问题的现状、危害以及环保工作的成果和未来展望。同时，设置互动体验区，让受众亲身感受环保的重要性。还可以通过竞赛与游戏，组织环保创意比赛、知识问答、小游戏等活动，鼓励受众积极参与，提高活动的趣味性和互动性。

4. 广泛宣传与动员

利用社交媒体、官方网站、报纸、电视等多种渠道进行宣传，扩大活动的影响力和参与度。同时与环保组织、企业、学校、社区等建立合作关系，共同开展宣教活动，提高活动的丰富性和影响力。还可以招募志愿者参与活动的筹备和执行，提高活动的组织效率和参与度。

5．注重活动效果与评估

在现场组织上，要确保活动现场秩序井然，工作人员分工明确，确保活动的顺利进行。在效果评估上，通过问卷调查、现场访谈等方式收集受众的反馈意见，评估活动的效果和不足之处。同时，对活动的成果进行总结和宣传，扩大活动的影响力。此外，要做到持续改进，根据评估结果总结经验教训，为今后的宣教活动提供改进方向。

6．遵循基本原则

科学性：确保宣教内容准确无误，避免误导受众。针对性：根据受众特点和需求制定宣教方案，提高活动的针对性和实效性。互动性：注重与受众的互动和交流，提高活动的参与度和满意度。可持续性：考虑活动的长期影响和可持续性，推动环保理念的深入人心和广泛实践。

二、环境宣教主题的确定

（一）环境宣教活动主题确定的技巧

1．明确宣教目标与背景

确定宣教活动的核心目标，是提高公众环保意识、倡导环保行为，还是推广环保政策、技术等。目标的明确有助于聚焦主题，确保宣教活动具有针对性和实效性。同时还应注意分析当前环境背景，关注当前社会上与环境相关的热门话题和紧迫问题。结合国内外环保趋势和政策导向，选择具有时代感和紧迫性的主题。

2．考虑受众需求与特点

了解受众群体，确定宣教活动的目标受众，如儿童、青少年、成年人或特定行业群体。分析受众的环保认知、兴趣点和关注点。选择能够引起受众共鸣、符合其认知水平和兴趣的主题。同时避免过于专业或晦涩的主题，确保宣教内容易于理解和接受。

3．注重主题的创新性与吸引力

创新宣教形式，尝试采用不同的宣教形式，如故事化、游戏化、互动体验等，以增强宣教活动的趣味性和吸引力。创新的形式有助于吸引更多受众参与，提高宣教效果。同时注意突出主题亮点，提炼主题中的核心亮点和独特之处，作为宣教活动的宣传点和吸引点。通过亮点突出，增强受众对宣教活动的记忆和认同感。

4．结合时事热点与地域特色

融入时事热点，关注当前社会上与环境相关的重大事件、节日或纪念日。将时事热点融入宣教主题中，增加活动的时效性和关注度。同时也要体现地域文化，结合当地的环境问题和文化背景，选择具有地域特色的主题。通过地域文化的融入，增强受众对宣教活动的亲近感和认同感。

5．确保主题的可行性与可持续性

根据宣教活动的资源条件、人力和时间等限制因素，评估主题的可行性。确保主题能够在现有条件下得到有效实施和推广。同时也要考虑长期影响，选择具有长期性和可持续性的主题，能够激发受众对环境问题的持续关注和思考。避免选择过于短暂或时效性过强的主题，以确保宣教活动的长期效果。

6．参考成功案例与专家意见

借鉴成功案例，研究国内外成功的环境宣教活动案例，了解它们的主题选择、活动形式和实施效果。从中汲取经验和教训，为自己的宣教活动提供有益的参考。也可以咨询专家意见，向环保领域的专家、学者或从业人员咨询意见。他们可以提供专业的建议和指导，帮助确定更加科学、合理的宣教主题。

综上所述，确定环境宣教活动主题需要综合考虑宣教目标、受众需求、创新性、时事热点、地域特色、可行性与可持续性等多个因素。通过科学合理的分析和选择，可以确定一个既符合宣教需求又能吸引受众的主题，从而提高宣教活动的效果和影响力。

（二）新时代环境宣教热点议题

环境宣教热点议题是一个涵盖广泛且不断更新的领域，它随着全球环境问题的演变和公众环保意识的提升而不断变化。

随着全球气候变化和环境问题的日益严峻，环境宣教已成为推动社会可持续发展、提升公众环保意识的重要途径。近年来，各国政府、国际组织和社会组织纷纷加强环境宣教工作，通过多样化的宣教形式和渠道，向公众传递环保理念、倡导绿色生活方式。

1．全球环境问题的严峻性

当前，全球环境问题呈现出多样化、复杂化的特点。气候变暖、空气污染、水污染、土壤污染、生物多样性丧失等问题日益突出，对人类的生存和发展构成了严重威胁。

气候变暖：全球气候变暖导致冰川融化、海平面上升和各种极端天气的发生。这些变化不仅影响人类的居住环境，还对生态系统造成了严重破坏。

空气污染：工业和汽车污染物排放降低空气质量，雾霾成患。长期暴露于污染空气中会增加呼吸道疾病、心血管疾病等慢性病的风险。

水污染：生活污水、工业废水的随意排放造成水污染，水生生物安全受到威胁。同时，水污染还可能导致饮用水短缺和饮水安全问题。

土壤污染：森林的砍伐和土地沙漠化减少了生物多样性，威胁珍稀物种安全。土壤污染还会影响农产品的质量和安全，对人类健康构成潜在威胁。

生物多样性丧失：由于人类活动的影响，许多物种正面临灭绝的风险。生物多样性的丧失不仅影响生态系统的平衡和稳定，还可能导致人类失去宝贵的自然资源和文化遗产。

2．环境宣教热点议题

针对上述环境问题，环境宣教领域涌现出了一系列热点议题。这些议题不仅反映了当前环境问题的紧迫性和重要性，还体现了公众对环保事业的关注和期待。

（1）气候变化与碳中和

气候变化是当前全球面临的最严峻的环境问题之一。为了应对气候变化带来的挑战，各国纷纷提出碳中和目标，并采取了一系列措施来减少温室气体排放。

碳中和是指通过节能减排、植树造林等方式，抵消自身产生的二氧化碳排放量，实现二氧化碳“零排放”。近年来，越来越多的国家和地区提出碳中和目标，如中国力争在2030年前实现碳达峰，2060年前实现碳中和。为实现碳中和目标，各国采取了多种措施来减少温室气体排放。例如，提高能源效率、发展可再生能源、推广低碳技术等。同时，各国还加强了国际合作，共同应对气候变化带来的挑战。

碳中和宣教是提升公众环保意识、推动碳中和目标实现的重要途径。通过宣教活动，可以让公众了解气候变化的严峻性和紧迫性，增强他们的环保责任感和参与意识。同时，宣教活动还可以引导公众采取节能减排、绿色出行等低碳生活方式，为碳中和目标的实现贡献力量。

【知识延伸】

1．中国“全球100+近零碳场景案例”调研及编制工作

科创可持续发展研究院（SISD）联合清华大学等机构，启动了“全球100+近零碳场景案例”调研及编制工作。该工作旨在通过调研和编制近零碳场景案例，为全球碳中和目标的实现提供可借鉴的经验和模式。该调研和编制工作形成近零碳场景案例库，并向公众和企业展示这些案例的成功经验和做法。同时，通过举办研讨会、培训班等活动，提高公众和企业的环保意识与技术水平。

“全球100+近零碳场景案例”调研及编制工作为全球碳中和目标的实现提供了有力的支撑和借鉴。通过展示成功案例和经验做法，激发了更多企业和个人参与到碳中和行动中来，推动了全球气候治理进程的加速发展。这些案例展示了在气候变化与碳中和领域，各国和地区通过不同的方式和方法进行环境宣教的有效性和重要性。它们不仅提高了公众的环保意识，还推动了相关行业的可持续发展和碳中和目标的实现。

2．上海市世博园区低碳发展实践

上海市世博园区位于南浦大桥和卢浦大桥之间，总用地面积5.28 km^2。该园区自2017年获批成为上海市第二批低碳发展实践区以来，积极实施以碳减排目标为核心的低碳规划体系创新，以及减碳、低碳、碳汇同时发力的集成技术创新。世博园区通过低碳规划和建设实践，向公众展示低碳技术和低碳生活方式的重要性。同时，园区还举办各种低碳主题活动和展览，提高公众的环保意识。

世博园区的低碳发展实践取得了显著成效，碳减排率达到 26.5%，实现建筑节能约 2.8 万 t 标准煤，节电约 22.8 万 kW·h，降低碳排放约 2.3 万 t。这一案例不仅为上海的低碳城市建设提供了有力支撑，也为全球低碳发展提供了宝贵经验。

3. 瑞典气候超市

瑞典出现了一家气候超市（The Climate Store），该超市位于斯德哥尔摩的 Norrlandsgatan 大街，由瑞典品牌菲力斯食品（Felix）经营管理。超市内商品的定价不依据成本，而是依据对气候的影响，产品价格由该产品排放的二氧化碳决定，排放量越高价格越高。超市还推广以“碳排币值”的概念来消费，并给每个商品标注了易识别的碳足迹标签。通过商品定价和碳足迹标签，直观地向消费者展示产品对气候的影响，从而引导消费者做出更环保的选择。这种创新的宣教方式提高了消费者对气候变化的认识，并促使他们采取实际行动来减少碳排放。

4. 欧盟“Fit for 55”气候计划

欧盟的“Fit for 55”气候计划是欧盟 2030 年一揽子气候计划中的核心部分，旨在通过一系列立法提案推动欧盟实现碳中和目标。该计划包括欧盟碳排放交易体系（EU ETS）改革、碳边境调节机制（CBAM）实施等关键措施。欧盟通过政策制定、公众宣传和教育活动等多种方式，向公众和企业传达碳中和的重要性和紧迫性。同时，欧盟还积极与国际社会合作，共同推动全球气候治理进程。

“Fit for 55”气候计划的实施不仅推动了欧盟内部的碳中和进程，还提高了公众和企业的环保意识。此外，该计划还对全球气候治理产生了积极影响，为其他国家提供了可借鉴的经验和模式。

5. 美国碳标签菜单连锁餐厅

美国名为 Just Salad 的连锁餐厅在菜单上标识出每个菜品的碳足迹，并增加更多植物性奶酪的选择，以减少温室气体排放。菜单上的碳足迹标识向消费者展示不同菜品的碳排放量，从而引导消费者选择更低碳的菜品。这种宣教方式不仅提高了消费者的环保意识，还促使餐饮业提供更多低碳选择，有助于减少整个行业的碳排放。

（2）生物多样性保护

生物多样性是地球生命的基础，对维护生态平衡和人类福祉具有重要意义。生物多样性不仅为人类提供了丰富的自然资源和文化遗产，还是维持生态平衡和稳定的关键因素。然而，由于人类活动的影响，生物多样性正面临严重威胁。生物多样性的丧失将导致生态系统失衡、物种灭绝等严重后果。为了保护生物多样性，各国采取了一系列措施。例如，建立自然保护区、实施濒危物种保护计划、推广生态农业等。同时，各国还加强了国际合作，共同应对生物多样性丧失的问题。

生物多样性宣教是提升公众环保意识、推动生物多样性保护的重要途径。通过宣教活动，可以让公众了解生物多样性的重要性和保护生物多样性的紧迫性。同时，宣教活动还可以引导公众采取保护野生动物、减少污染等环保行为，为生物多样性保护贡献力量。

【知识延伸】

1. 中国武夷山国家公园生物多样性保护

武夷山国家公园位于福建省西北部，是我国唯一一个既是世界人与生物圈保护区，又是世界文化与自然双遗产的自然保护地。该公园通过建设智慧管理平台、强化科研监测、提升基础设施能力建设和加强科技合作等措施，使珍稀濒危物种的栖息地环境得到持续改善，一大批国家重点保护动植物种群得到恢复和壮大。

武夷山国家公园通过开展科普教育、生态体验、自然观察等活动，向公众普及生物多样性知识，提高公众的环保意识。同时，该公园还积极与科研院所、高校等合作，开展科研项目和生态监测工作，为生物多样性保护提供科学依据。

武夷山国家公园的生物多样性保护工作取得了显著成效，物种丰富度不断增加，生态环境质量持续改善。该案例不仅为我国生物多样性保护提供了宝贵经验，也为全球生物多样性保护贡献了力量。

2. 中国绿孔雀保护案

绿孔雀是中国特有的珍稀鸟类之一，因其美丽的羽毛和独特的生态价值而备受关注。然而，由于栖息地破坏和非法猎杀等原因，绿孔雀的数量急剧下降。为保护绿孔雀及其栖息地，中国社会组织自然之友提起了一起公益诉讼，成功叫停了威胁绿孔雀栖息地的水电站建设项目。

该案件通过媒体宣传、公众教育等方式引起了广泛的社会关注。同时，自然之友等社会组织还通过举办讲座、研讨会等活动向公众普及生物多样性保护知识和绿孔雀保护的重要性。

该案件不仅成功保护了绿孔雀及其栖息地，还推动了社会对生物多样性保护的关注和参与。这一案例展示了公益诉讼在生物多样性保护中的重要作用，并为全球生物多样性保护提供了有益的经验和借鉴。

3. 欧盟生物多样性战略

欧盟制定并实施了一系列生物多样性保护战略和政策，旨在保护欧盟境内的生物多样性、维护生态系统服务功能和促进可持续利用。这些战略和政策包括制定生物多样性保护目标、推动绿色基础设施建设、加强生态系统恢复等。

欧盟通过政策宣传、公众教育、媒体宣传等多种方式，向公众普及生物多样性保护的重要性和紧迫性。同时，欧盟还积极与国际组织和其他国家合作，共同推动全球生物多样性保护进程。

欧盟的生物多样性保护战略和政策取得了积极成效，生态系统恢复和生物多样性保护取得了显著进展。这些战略和政策不仅为欧盟内部的生物多样性保护提供了有力支撑，也为全球生物多样性保护树立了典范。

4. 巴西亚马孙雨林保护项目

巴西亚马孙雨林是全球最大的热带雨林之一，拥有丰富的生物多样性。为保护这一宝贵的自然资源，巴西政府和国际社会共同开展了一系列保护项目，包括加大执法力度、推动可持续发展、提高公众环保意识等。

巴西政府和国际组织通过媒体宣传、公众教育、社区参与等方式，向公众普及亚马孙雨林的重要性和生物多样性保护知识。同时，还通过举办研讨会、培训班等活动，提高当地社区和利益相关者的环保意识和参与度。

巴西亚马孙雨林保护项目取得了积极成效，生态系统得到了有效保护，生物多样性得到了显著提升。这些项目不仅为巴西国内的生物多样性保护提供了有力支撑，也为全球生物多样性保护做出了重要贡献。

5. 印度尼西亚红树林保护项目

印度尼西亚拥有广阔的红树林生态系统，这些红树林对于维护生态平衡、保护生物多样性具有重要作用。为保护红树林生态系统，印度尼西亚政府和国际社会共同开展了一系列保护项目，包括恢复退化红树林、加大执法力度、推动社区参与等。

印度尼西亚政府和国际组织通过举办讲座、研讨会、培训班等活动，向公众普及红树林生态系统的重要性和生物多样性保护知识。同时，还通过媒体宣传、社区参与等方式，提高当地社区和利益相关者的环保意识和参与度。

印度尼西亚红树林保护项目取得了积极成效，红树林生态系统得到了有效恢复和保护，生物多样性得到了显著提升。这些项目不仅为印度尼西亚国内的生物多样性保护提供了有力支撑，也为全球红树林保护和生物多样性保护树立了典范。

6. 肯尼亚马赛马拉国家保护区野生动物保护项目

马赛马拉国家保护区位于肯尼亚西南部，是非洲最著名的野生动物保护区之一，生物多样性水平较高。该项目旨在保护该地区的野生动物及其栖息地，通过加大执法力度、提高公众环保意识、推动社区参与等措施，有效遏制了非法猎杀和栖息地破坏等行为。

肯尼亚政府和国际组织通过举办野生动物保护讲座、研讨会、培训班等活动，向公众普及生物多样性保护知识和野生动物保护的重要性。同时，还利用媒体宣传、社区参与等方式，提高当地社区和利益相关者的环保意识和参与度。

该项目取得了显著成效，野生动物数量得到有效恢复，生态系统更加稳定。此外，该项目还促进了当地社区的经济发展，提高了居民的生活水平，实现了生物多样性保护与社区发展的双赢。

7. 澳大利亚大堡礁保护计划

大堡礁是世界上最大的珊瑚礁系统之一，拥有丰富的海洋生物多样性。然而，由于气候变化、海洋污染和人类活动等原因，大堡礁面临着严重的威胁。为保护大堡礁及其生物多样性，澳大利亚政府制订并实施了一系列保护计划，包括加强海洋保护区建设、推动可持续发展、提高公众环保意识等。

澳大利亚政府通过媒体宣传、公众教育、社区参与等方式，向公众普及大堡礁的重要性和生物多样性保护知识。同时，还利用科技手段如虚拟现实、增强现实等，让公众更加直观地了解大堡礁的生态环境和生物多样性。

该计划取得了积极成效，大堡礁的生态环境得到了有效保护，生物多样性得到了显著提升。此外，该计划还推动了澳大利亚国内的环保产业发展，为生物多样性保护提供了有力支撑。

8. 哥斯达黎加生物多样性保护战略

哥斯达黎加是一个生物多样性极为丰富的国家，拥有大量的珍稀动植物物种。为保护其生物多样性，哥斯达黎加政府制定并实施了一系列保护战略，包括加强自然保护区建设、推动生态旅游、提高公众环保意识等。

哥斯达黎加政府通过举办讲座、研讨会、培训班等活动，向公众普及生物多样性保护知识和哥斯达黎加独特的生态环境。同时，还利用生态旅游等方式，让游客在欣赏美景的同时了解生物多样性保护的重要性。

该战略取得了显著成效，哥斯达黎加的生物多样性得到了有效保护，生态系统更加稳定。此外，生态旅游的推动还促进了当地经济的发展，提高了居民的生活水平。

（3）绿色消费与可持续发展

绿色消费是指消费者在购买和使用商品时，选择对环境影响较小的产品或服务。绿色消费是推动可持续发展、实现环保目标的重要途径。绿色消费不仅关注产品的质量和价格，还关注产品的环保性能和可持续性。绿色消费要求消费者在购买和使用商品时，尽量减少对环境的负面影响。

随着环保意识的提升和绿色技术的不断发展，绿色消费已成为一种全球性的趋势。越来越多的消费者开始选择环保产品、减少浪费和污染。

为了推动绿色消费的发展，各国采取了一系列宣教策略。例如，通过媒体宣传、举办绿色消费活动等方式，提高公众对绿色消费的认识和参与度。同时，各国还加强了对绿色产品的认证和监管工作，确保绿色产品的质量和环保性能。

【知识延伸】

1. 中国“绿色商场”创建行动

近年来，我国积极推动绿色商场创建行动，旨在通过优化商场环境、推广绿色产品和服务等方式，推动绿色消费和可持续发展。该行动强调了商场在绿色消费中的重要作用。通过制定相关政策、举办绿色消费主题活动、加强媒体宣传等方式，推广绿色商场创建行动。同时，商场也积极响应政府号召，加强内部管理，推广绿色产品和服务。

绿色商场创建行动已经在我国取得了显著成效，越来越多的商场开始关注环保和可持续发展。这些商场通过优化环境、推广绿色产品和服务等方式，吸引了大量消费者关注和支持绿色消费。

2. 盒马“绿色盒区”计划

盒马是一家新零售企业，致力于推动绿色消费和可持续发展。该公司发起了“绿色盒区”计划，覆盖绿色生产、绿色消费、绿色回收、绿色供应链 4 个部分，旨在通过优化供应链、推广绿色产品和服务等方式，推动绿色消费文化的形成。盒马通过线上、线下相结合的方式，向消费者普及绿色消费理念。同时，该公司还与供应商合作，共同推动绿色产品的研发和生产。

“绿色盒区”计划已经取得了显著成效，越来越多的消费者开始关注绿色产品和服务。盒马通过优化供应链和推广绿色产品等方式，减少了环境污染和资源消耗，推动了绿色消费文化的形成。

3. 欧盟“绿色交易”计划

欧盟于 2019 年提出了“绿色交易”计划，旨在推动欧洲经济向更加绿色、公平和竞争的方向发展。该计划强调了绿色消费和可持续发展的重要性，鼓励消费者选择环保产品和服务，以减少对环境的负面影响。

欧盟通过政策引导、媒体宣传、公众教育等多种方式，向公众普及绿色消费和可持续发展的理念。同时，欧盟还与企业合作，推动绿色产品的研发和生产。

“绿色交易”计划已经取得了显著成效，推动了欧洲绿色经济的发展。越来越多的消费者开始关注环保产品和服务，企业的环保意识也得到了提高。

4. 美国“绿色新政”倡议

美国政府曾提出“绿色新政”倡议，旨在通过大规模投资清洁能源、绿色建筑和交通系统等领域，推动绿色消费和可持续发展。该倡议强调了政府在绿色消费中的引领作用。美国政府通过政策扶持、媒体宣传、公众教育等方式，推广绿色消费理念。同时，政府还与企业、NGO等合作，共同推动绿色消费和可持续发展。

“绿色新政”倡议推动了美国绿色经济的发展，促进了清洁能源、绿色建筑等领域的创新和发展。同时，该倡议也提高了公众的环保意识，推动了绿色消费文化的形成。

5. 韩国“绿色生活运动”

韩国政府曾发起“绿色生活运动”，旨在通过推广绿色生活方式和环保产品，提高公众的环保意识和绿色消费水平。该运动强调了消费者在日常生活中实践绿色消费的重要性。韩国政府通过媒体宣传、社区活动、学校教育等多种方式，推广绿色生活理念和环保产品。同时，政府还与企业合作，共同推动绿色产品的研发和生产。

“绿色生活运动”在韩国取得了广泛的社会影响，提高了公众的环保意识和绿色消费水平。越来越多的消费者开始关注环保产品，企业的环保意识也得到了提高。

（4）环保教育与公众参与

环保教育是提升公众环保意识、培养环保人才的重要途径。公众参与则是推动环保事业发展的重要力量。

目前，越来越多的国家和地区将环保教育纳入学校课程，通过培养学生的环保意识来推动可持续发展。同时，各国还加强了环保教育的国际合作和交流工作，共同推动环保教育的发展。

我们也应意识到，公众参与是推动环保事业发展的重要力量。通过公众参与，可以形成全社会共同关注环保、参与环保的良好氛围。同时，公众参与还可以监督政府和企业的环保行为，推动他们采取更加有效的环保措施。

为了加强环保教育和公众参与工作，各国采取了一系列宣教策略。例如，通过举办环保讲座、开展环保实践活动等方式来提高学生的环保意识和参与度；通过设立环保举报热线、开展环保志愿者活动等方式来鼓励公众参与环保行动；通过媒体宣传、举办环保论坛等方式来提高公众对环保事业的关注度和支持度。

【知识延伸】

1. 云南省“智绘自然公民科学平台建设与应用”项目

该项目由云南自然小站发起，旨在通过科技赋能公民科学及环境教育，促进公众参与生物多样性保护，提高公众科学素养与环境意识。

主要做法：

平台建设：云南自然小站自主开发了全国首创的“智绘研学系统”，并以此为基础构建了“智绘自然公民科学平台”。该平台具备任务发布、自主领取、环境分析、独立探索、小组合作和完成报告等功能，为公众参与环保活动提供了便捷的渠道。

活动组织：利用“智绘自然公民科学平台”，云南自然小站组织了一系列生物多样性调查活动。活动邀请专家学者和高校优秀学生志愿团队参与，通过植物样方调查、物种复核、数据收集分析、植物标本采集等一系列活动，让公众深入了解生物多样性保护的重要性。

教育普及：本项目不仅关注线下活动，还通过线上平台发布环保教育内容和活动成果，扩大环保教育的覆盖面和影响力。通过线上、线下相结合的方式，本项目成功地将环保教育理念传递给更广泛的公众群体。

案例成效：

公众参与度提升：“智绘自然公民科学平台”的建设和应用，极大地激发了公众参与生物多样性调查和保护的热情。越来越多的公众开始关注环境问题，并愿意通过实际行动为保护生态环境贡献自己的力量。

环保意识增强：通过参与项目活动，公众对生物多样性保护有了更深入的了解和认识。人们的环保意识得到显著提升，开始更加注重在日常生活中采取环保措施。

科学数据积累：项目活动为生物多样性保护和科学研究提供了重要数据来源。收集到的科学数据有助于科研人员更深入地了解生物多样性的现状和保护需求，为制定更有效的保护策略提供支持。

科技赋能环保教育：利用现代科技手段，如互联网平台、大数据等，可以大幅提升环保教育的效率，扩大覆盖面。通过科技赋能，可以让更多的人便捷地参与到环保活动中来，共同为保护生态环境贡献力量。

公众参与是环保事业的关键：环保事业的成功离不开公众的广泛参与和支持。通过组织丰富多彩的活动和提供便捷的参与渠道，可以有效激发公众的环保热情，推动环保事业的可持续发展。

线上和线下相结合是有效的宣教方式：线上平台可以提供丰富的教育内容和活动信息，方便公众随时了解和参与。线下活动则可以让公众亲身体验和实践环保理念，增强环保教育的实效性和感染力。

2. 澳大利亚的“地球一小时”活动

“地球一小时”是全球性的环保活动，由世界自然基金会（WWF）于 2007 年发起，旨在提高公众对气候变化的认识，鼓励人们采取实际行动保护环境。澳大利亚作为该活动的积极参与国，每年都吸引大量民众参与。

主要做法及影响:

公众动员与宣传：澳大利亚的环保组织和志愿者通过社交媒体、电视、广播等多种渠道广泛宣传“地球一小时”活动，呼吁民众在每年 3 月的最后一个星期六晚上 8: 30 至 9: 30 熄灯一小时，以表达对环境问题的关注和参与。同时，组织者还举办各种线下活动，如环保讲座、环保市集等，增强公众对环保问题的认识和了解。

政府与企业合作：澳大利亚政府积极支持“地球一小时”活动，不仅提供政策和资金支持，还鼓励政府部门和国有企业带头参与。许多知名企业也积极响应活动号召，通过熄灯、减少能源消耗等方式表达对环保的支持，并借此机会展示企业的社会责任形象。

公众参与和实践：公众通过参与“地球一小时”活动，不仅了解到气候变化和环保问题的重要性，还通过实际行动减少了能源消耗和碳排放。此外，许多家庭和个人还自发开展各种环保活动，如种植树木、使用节能灯具、减少使用塑料袋等，进一步推动环保事业的发展。

案例成效:

提高公众环保意识：“地球一小时”活动通过广泛的宣传和动员，成功提高了澳大利亚公众的环保意识。越来越多的人开始关注气候变化和环保问题，并采取实际行动参与环保事业。

促进环保行动：活动的成功举办激发了公众的环保热情，许多人开始在日常生活中采取环保措施，如使用公共交通工具、减少能源消耗等。这些行动对于推动澳大利亚环保事业的发展具有重要意义。

增强社会凝聚力：“地球一小时”活动不仅是一个环保活动，更是一个社会凝聚力的体现。通过共同参与活动，人们更加团结和协作，共同为保护环境贡献自己的力量。

案例启示:

公众参与是环保事业的关键：“地球一小时”活动的成功证明了公众参与在环保事业中的重要性。只有让公众了解环保问题的重要性并采取实际行动参与进来，才能推动环保事业的可持续发展。

多渠道宣传是有效的动员方式：通过多种渠道进行宣传是动员公众参与的有效方式。澳大利亚的环保组织和志愿者利用社交媒体、电视、广播等多种渠道进行宣传，成功吸引了大量民众的关注和参与。

政府与企业合作是推动环保事业的重要途径：政府与企业的合作是推动环保事业发展的重要途径。澳大利亚政府积极支持“地球一小时”活动，并提供政策和资金支持；同时，许多知名企业也积极响应活动号召，展示了企业的社会责任形象。这种合作模式为环保事业的发展提供了有力支持。

3. 瑞典的“垃圾宝”教育项目

瑞典在环保教育领域一直走在世界前列，其“垃圾宝”教育项目便是一个典型的案例。该项目旨在通过创造性的游戏和互动，让儿童参与到垃圾回收和分类中来，从而提高他们的环保意识。

主要做法：

寓教于乐：“垃圾宝”教育项目通过设计各种有趣的游戏和活动，如垃圾分类竞赛、垃圾回收模拟游戏等，让儿童在玩乐中学习如何正确处理垃圾。

互动体验：项目鼓励儿童亲自参与垃圾回收和分类的过程，通过实际操作加深他们对环保的认识。同时，项目还组织儿童参观垃圾处理厂和回收站，让他们了解垃圾处理的整个流程。

家校合作：项目不仅在学校内开展活动，还积极与家长合作，将环保教育延伸到家庭中。通过家校共同努力，培养儿童的环保习惯。

案例成效：

提高环保意识：通过参与“垃圾宝”教育项目，儿童对垃圾分类和回收有了更深入的了解，他们的环保意识得到了显著提升。

促进公众参与：项目不仅影响了儿童，还通过他们带动了家庭成员和社区的广泛参与。越来越多的家庭开始重视垃圾分类和回收，为瑞典的环保事业做出了贡献。

形成良好风尚：在“垃圾宝”教育项目的推动下，瑞典形成了重视环保、积极参与垃圾分类和回收的良好风尚。这不仅有助于减少垃圾污染，还促进了资源的循环利用。

案例启示：

创新教育方式：环保教育应注重创新方式，通过寓教于乐、互动体验等方式激发儿童的兴趣和参与度。

家校合作共育：家校合作是环保教育的重要途径。通过家校共同努力，可以培养儿童的环保习惯，并将环保理念延伸到家庭中。

公众参与是关键：环保教育的最终目的是促进公众参与。通过教育引导，让更多人了解环保的重要性并积极参与其中，是实现可持续发展的关键。

任务三　环境宣教的手段与方法

环境宣教作为提升公众环保意识、推动环境保护事业发展的重要手段，其实施方式多样且富有创意。

一、媒体宣传：信息传播的中坚力量

媒体宣传是环境宣教中最直接、最广泛的方式之一。它利用电视、广播、报纸、网络等媒体平台，将环保知识、政策、法规以及环保行动的成果等信息迅速传递给公众。

电视与广播：通过制作环保专题节目、公益广告、新闻报道等形式，利用电视与广播的覆盖面广、受众群体大的特点，使环保理念深入人心。这些节目不仅普及了环保知识，还通过生动的案例和故事激发了公众的环保热情。

报纸与杂志：报纸和杂志作为传统的纸质媒体，在环境宣教中发挥着不可替代的作用。它们通过刊登环保文章、报道环保事件、发布环保政策等方式，向公众传递环保信息，引导公众关注环境问题，并积极参与环保行动。

网络媒体：随着互联网的普及，网络媒体在环境宣教中的地位日益凸显。网络新闻、社交媒体、短视频平台等成为环保信息传播的重要渠道。这些媒体不仅传播速度快、互动性强，还能通过大数据分析精准推送环保信息，提高宣教的针对性和实效性。

二、教育讲座与培训：专业知识的普及与提升

教育讲座与培训是环境宣教中不可或缺的一环。它们通过邀请环保专家、学者或环保组织的代表，向公众讲解环保知识、分享环保经验、传授环保技能，从而提升公众的环保素养和行动能力。

专题讲座：专题讲座是环境宣教最常见的形式。它们通常围绕特定的环保主题，如垃圾分类、节能减排、生态保护等，进行深入浅出的讲解。这些讲座不仅普及了环保知识，还通过案例分析、互动问答等方式，增强了公众的环保意识和参与感。

技能培训：技能培训是提升公众环保行动能力的重要手段。它们通过教授垃圾分类技巧、节能减排方法、环保产品设计等实用技能，帮助公众将环保理念转化为实际行动。这些培训不仅提高了公众的环保技能，还激发了他们的环保创新精神。

三、学校教育：培养未来的环保卫士

学校教育是环境宣教的重要阵地。通过将环保知识纳入学校课程，组织学生参与环保实践活动，可以培养学生的环保意识和行动能力，为未来的环保事业培养接班人。

环保课程：环保课程是学校教育中的必修内容。它们通过讲解环保知识、分析环境问题、探讨环保解决方案等方式，帮助学生建立正确的环保观念和价值观。这些课程不仅培养了学生的环保意识，还激发了他们对环保事业的热爱和责任感。

实践活动：实践活动是学校教育中的关键环节。它们通过组织学生参与垃圾分类、节能减排、植树造林等实践活动，让学生在实践中学习和体验环保的重要性。这些活动

不仅提高了学生的环保技能，还增强了他们的环保实践能力。

四、社区活动：营造浓厚的环保氛围

社区活动是环境宣教中贴近群众、易于接受的方式之一。它们通过组织环保志愿者团队、开展环保宣传活动、举办环保竞赛等方式，营造浓厚的环保氛围，激发公众的环保热情。

环保志愿者团队：环保志愿者团队是社区活动中的主力军。他们通过参与清洁活动、植树造林、环境整治等社区环保项目，为社区环境改善贡献自己的力量。同时，他们的行动也感染了身边的居民，激发了更多人的环保热情。

环保宣传活动：环保宣传活动是社区活动中的常见形式。它们通过悬挂环保标语、发放环保宣传册、举办环保讲座等方式，向居民传递环保信息，引导他们关注环境问题并积极参与环保行动。这些活动不仅提高了居民的环保意识，还促进了社区环保文化的形成。

环保竞赛：环保竞赛是社区活动中的创新方式。它们通过举办环保知识竞赛、环保作品展览等活动，激发居民的环保创造力和参与热情。这些竞赛不仅丰富了居民的业余生活，还推动了社区环保文化的传播和发展。

五、家庭教育：培养环保习惯从小做起

家庭教育是环境宣教中的基础环节。家长通过引导孩子养成节约用水、节约用电、垃圾分类等环保习惯，可以培养孩子的环保意识和责任感。

环保习惯养成：家长在日常生活中要注重培养孩子的环保习惯。例如，教孩子如何正确分类垃圾、如何节约用水用电等。这些习惯不仅有助于减少资源浪费和环境污染，还能培养孩子的责任感和自律性。

环保知识传授：家长要利用日常生活中的机会向孩子传授环保知识。例如，在购物时告诉孩子如何选择环保产品；在旅行时向孩子介绍当地的环保政策和措施等。这些知识不仅有助于拓宽孩子的视野和知识面，还能激发他们的环保热情和创造力。

六、文化创作与传播：以艺术的力量推动环保

文化创作与传播是环境宣教中的创新方式。它们通过文学作品、艺术作品、影视作品等文化形式，将环保理念融入其中，以艺术的力量感染公众，推动环保事业的发展。

文学作品：文学作品是环保理念传播的重要载体。它们通过讲述环保故事、描绘环保场景、塑造环保人物等方式，将环保理念融入其中，引导读者关注环境问题并积极参与环保行动。这些作品不仅丰富了公众的精神世界，还推动了环保文化的传播和发展。

艺术作品：艺术作品是环保理念表达的直观方式。它们通过绘画、雕塑、摄影等艺术形式，将环保主题融入其中，以艺术的力量感染公众。这些作品不仅具有审美价值，还能激发公众的环保热情和创造力。

影视作品：影视作品是环保理念传播的重要渠道。它们通过制作环保题材的电视剧、电影、纪录片等，将环保理念以直观、生动的方式呈现给观众。这些作品不仅提高了公众的环保意识，还推动了环保文化的普及和发展。

七、奖励机制与激励措施：激发公众的环保热情

奖励机制与激励措施是环境宣教中的重要手段。它们通过设立环保奖励制度、表彰环保先进单位和个人等方式，激发公众的环保热情和参与度。

环保奖励制度：环保奖励制度是激发公众环保热情的有效方式。它们通过设立环保奖项、颁发环保证书、提供环保资金等方式，对在环保方面表现突出的单位和个人进行表彰和奖励。这些奖励不仅提高了获奖者的荣誉感和归属感，还激发了更多人的环保热情和参与度。

环保示范点与示范项目：环保示范点与示范项目是展示环保成果和经验的重要平台。它们通过设立环保示范点、推广环保示范项目等方式，向公众展示环保措施的具体操作方法和成效。这些示范点和项目不仅为公众提供了学习和借鉴的榜样，还推动了环保技术的创新和应用。

【案例】

北京市“绿色生活，从我做起”环境宣教项目

一、背景介绍

随着城市化进程的加快和人们生活水平的提高，环境问题日益成为公众关注的焦点。北京市，作为我国首都和国际化大都市，面临着严峻的环境挑战，包括空气污染、水资源短缺、垃圾围城等。为了应对这些挑战，提升市民的环保意识，推动形成绿色生活方式，北京市政府联合多家环保组织和社会力量，共同发起了“绿色生活，从我做起”环境宣教项目。该项目旨在通过一系列富有创意和实效的活动，将环保理念深入人心，激发公众参与环保行动的热情，共同构建美丽北京。

二、项目目标

提升公众环保意识：通过多样化的宣教活动，增强市民对环境保护重要性的认识，树立绿色生活理念。

促进绿色生活方式：鼓励市民采取节能减排、垃圾分类、绿色出行等实际行动，减少资源消耗和环境污染。

构建环保社会氛围：营造全社会共同参与环境保护的良好氛围，形成政府主导、企业主体、公众参与的环保格局。

三、实践应用

1. 绿色校园行

活动内容：项目首先走进校园，针对中小学生开展了一系列环保教育课程和活动。包括环保知识讲座、环保主题班会、环保手工制作比赛等。同时，利用校园广播、宣传栏等渠道，定期发布环保小贴士，引导学生从日常小事做起，如节约用水用电、减少使用一次性餐具等。

效果：通过绿色校园行活动，不仅提高了学生的环保意识，还促进了家校共育，许多家长在孩子的带动下，也开始关注并实践绿色生活方式。

2. 社区环保嘉年华

活动内容：项目在全市多个社区举办了环保嘉年华活动，通过趣味运动会、环保知识问答、垃圾分类模拟游戏等形式，让居民在轻松愉快的氛围中学习环保知识，体验绿色生活。同时，设置了环保成果展示区，展示近年来北京市在环保方面取得的成就，增强居民的自豪感和责任感。

效果：社区环保嘉年华活动极大地激发了居民参与环保的热情，许多家庭开始实行垃圾分类，减少使用塑料袋，选择绿色出行方式，社区环境得到了明显改善。

3. 绿色企业联盟

活动内容：项目联合多家企业，成立了绿色企业联盟，鼓励企业采取环保措施，如使用可再生能源、减少废弃物排放、推广绿色产品等。同时，组织企业开展环保公益活动，如植树造林、河流清理等，展现企业社会责任感。

效果：绿色企业联盟的成立，不仅提升了企业的品牌形象，还促进了产业链上下游的环保合作，推动了绿色经济的发展。

4. 媒体宣传与公众参与

活动内容：项目充分利用电视、广播、报纸、网络等媒体资源，开展环保宣传活动，发布环保公益广告，讲述环保故事，展示环保成果。同时，通过社交媒体平台，发起“绿色生活挑战”等话题活动，鼓励公众分享自己的绿色生活小妙招，形成线上、线下互动的良好氛围。

效果：媒体宣传与公众参与活动，有效扩大了环境宣教的影响力，增强了公众的环保意识和参与度，形成了全社会共同关注、共同参与环保的良好局面。

四、项目成效

环保意识显著提升。通过项目的实施，北京市民的环保意识普遍增强，绿色生活理念深入人心。越来越多的人开始关注环境问题，主动采取环保行动。

绿色生活方式普及。垃圾分类、节能减排、绿色出行等绿色生活方式在北京市民中逐渐普及，有效减少了资源浪费和环境污染。

环保社会氛围浓厚。项目营造了浓厚的环保社会氛围，形成了政府、企业、公众共同参与的环保格局，推动了北京市环保事业的持续健康发展。

五、总结

“绿色生活，从我做起”环境宣教项目通过一系列富有创意和实效的活动，成功地将环保理念深入人心，激发了公众参与环保行动的热情，推动了绿色生活方式的普及。项目的成功实施，不仅为北京市环保事业的发展注入了新的活力，也为全国乃至全球的环境宣教工作提供了宝贵的经验和启示。未来，北京市将继续深化环境宣教工作，探索更多创新方式，为构建美丽中国贡献力量。

【案例】

山东省淄博市临淄区的“绿色种子”文化创作与传播项目

一、背景介绍

在山东省淄博市临淄区，环保教育不再仅仅是课堂上的说教，而是一场生动的文化创作与传播运动。近年来，临淄区生态环境分局积极响应国家《“美丽中国，我是行动者”提升公民生态文明意识行动计划（2021—2025年）》的号召，以撒播环保种子为目标，联合各志愿服务组织、学校等，开展了一系列富有创意和实效的环境宣教活动。这些活动不仅提升了公众的环保意识，更通过文化创作与传播的方式，让环保理念深入人心，形成了全社会共同参与的良好氛围。

二、项目策划与目标

临淄区的“绿色种子”文化创作与传播项目，旨在通过文化艺术的手段，将环保理念融入人们的日常生活，激发公众对环境保护的热情和行动力。项目策划之初，就明确了以下几个目标：

1. 提升公众环保意识

通过文化创作，让环保理念以更加生动、直观的方式呈现给公众，增强其对环境保护的认识和责任感。

2. 促进环保文化的传播

利用多种媒介和渠道，广泛传播环保文化，形成全社会共同关注、参与环保的良好氛围。

3. 培养环保创新人才

通过环保文化创作活动，发现和培养一批具有环保意识和创新能力的青年人才，为环保事业注入新的活力。

三、实践应用与文化创作

1. 环保主题绘画大赛

2016 年，临淄区举办了第一届“英科杯”中小学生绘画大赛，由淄博市环境保护局临淄分局和临淄区教育局联合组织。大赛以“环保”为主题，鼓励学生们用画笔描绘自己心中的绿色家园。活动吸引了全区各学校师生的踊跃参与，共收到数千幅优秀作品。这些作品不仅展示了孩子们对环保的深刻理解和美好愿景，更通过巡回展览的方式，在临淄大地上弘扬了环保理念。

2. 环保卡通形象设计

为了更好地传播环保理念，临淄区还开展了环保卡通形象设计大赛。经过层层选拔，最终确定了名为“绿宝儿”的环保卡通形象。这一形象以绿色为主色调，寓意着生命与希望，其活泼可爱的形象深受公众喜爱。在 2019 年环境日启动仪式上，“绿宝儿”正式揭牌，成为临淄区环保宣传的标志性形象。

3. 环保主题文艺演出

临淄区还组织了一系列环保主题的文艺演出，包括歌舞、小品、相声等多种形式。这些演出不仅展示了环保文化的魅力，更通过寓教于乐的方式，让公众在欣赏艺术的同时，深刻认识到环境保护的重要性。其中，“低碳伴我行、环保时装秀”活动尤为引人注目。孩子们利用各种废旧材料进行创作，制作出了一件件别具一格的环保时装，展示了他们的环保创意和动手能力。

4. 环保手工制作与展示

除了绘画和文艺演出外，临淄区还开展了环保手工制作与展示活动。孩子们将生活中废弃闲置的物品，如塑料制品、奶盒等，制作成可利用的手工物品或装饰品。这些作品不仅美观实用，更传递了环保节约的理念。同时，通过展示活动，让更多人看到了废物利用的可能性，激发了他们参与环保行动的热情。

四、传播方式与效果

1. 线上、线下联动传播

临淄区充分利用线上、线下多种媒介和渠道，广泛传播环保文化。在线上，通过官方网站、微信公众号等平台发布环保资讯、活动预告和成果展示；在线下，通过社区宣传栏、学校宣传栏、环保主题展览等方式，将环保理念传递给更多人。这种线上、线下联动的方式，有效扩大了环保文化的传播范围。

2. 公众参与和互动

临淄区的环境宣教活动注重公众参与和互动。无论是绘画大赛、卡通形象设计还是手工制作与展示活动，都吸引了大量公众的积极参与。同时，通过举办环保知识讲座、现场酵素制作、环保净皂制作等活动，让公众在参与中学习到环保知识，增强了他们的环保意识和行动力。

3. 社会影响力与成效

经过几年的努力，临淄区的“绿色种子”文化创作与传播项目取得了显著成效。不仅提升了公众的环保意识，更促进了环保文化的广泛传播。越来越多的人开始关注环境问题，主动采取环保行动。同时，项目还发现和培养了一批具有环保意识和创新能力的青年人才，为环保事业注入了新的活力。

五、总结

临淄区的“绿色种子”文化创作与传播项目，通过文化艺术的手段，将环保理念融入人们的日常生活中，激发了公众对环境保护的热情和行动力。这一项目的成功实施，不仅为临淄区的环保事业注入了新的活力，更为全国乃至全球的环境宣教工作提供了宝贵的经验和启示。未来，临淄区将继续深化环境宣教工作，探索更多创新方式，为构建美丽中国贡献力量。

【案例】

六五环境日丨宣传产品大联展·秦皇岛市生态环境局

2024 年六五环境日即将来临
为做好宣传工作
我省生态环境系统围绕今年六五环境日主题
“全面推进美丽中国建设”
设计了一系列精美作品
今天，让我们共同欣赏
来自秦皇岛市生态环境局的海报作品

六五 2024
环境日
全面推进
美丽中国建设
构建人与自然和谐共生的地球家园让锦绣山河造福人民
秦皇岛市生态环境局

六五 2024
环境日
全面推进
美丽中国建设
构建人与自然和谐共生的地球家园让锦绣山河造福人民
秦皇岛市生态环境局

六五 2024
环境日
全面推进
美丽中国建设
构建人与自然和谐共生的地球家园让锦绣山河造福人民
秦皇岛市生态环境局

六五 2024
环境日
全面推进
美丽中国建设
构建人与自然和谐共生的地球家园让锦绣山河造福人民
秦皇岛市生态环境局

【知识延伸】

环境宣教与环境舆情的关系

环境宣教与环境舆情之间存在着密切且复杂的关系。两者相互影响、相互促进，共同构成了环境保护事业中的重要组成部分。

一、环境宣教对环境舆情的影响

提升公众环保意识：环境宣教通过传播环保知识、普及环保理念，能够显著提升公众的环保意识。当公众对环境保护有了更深入的了解和认识，他们会更关注环境问题，对环境舆情也会更加敏感。这种敏感性的提升有助于形成积极的环保舆论氛围，推动环境保护事业的发展。

引导舆论走向：环境宣教通过正面宣传和教育，可以引导公众对环境问题的看法和态度。当公众受到正确的环保信息引导时，他们更容易形成正确的环保观念，从而避免被错误或偏激的言论所误导。这有助于维护社会稳定，减少因环境问题引发的社会矛盾和冲突。

塑造环保形象：环境宣教还能够塑造生态环境部门和相关机构的良好形象。通过积极宣传环保工作成果、展示生态环境部门在环境保护方面的努力和贡献，可以增强公众对生态环境部门的信任和支持。这种信任和支持是形成积极环境舆情的重要基础。

二、环境舆情对环境宣教的作用

反馈宣教效果：环境舆情是公众对环境问题看法的直接反映，也是对环境宣教效果的一种检验。通过观察和分析环境舆情，可以了解公众对环保问题的关注程度、对环保政策的接受程度以及对环保行动的参与度等。这些信息有助于评估环境宣教的效果，为改进宣教策略提供依据。

推动宣教创新：环境舆情的多样性和复杂性要求环境宣教不断创新宣教方式和手段。例如，针对公众对环保问题的不同看法和态度，可以采取不同的宣教策略和方法；针对网络舆情的兴起，可以利用新媒体平台进行宣教等。这些创新有助于提升环境宣教的针对性和实效性。

增强宣教动力：积极的环境舆情可以激发公众对环保事业的热情和参与度，从而增强环境宣教的动力。当公众看到环境问题得到关注和解决时，他们会更加积极地参与环保行动，支持环保政策。这种积极的反馈和互动有助于形成良性循环，推动环境宣教工作的深入开展。

三、环境宣教与环境舆情的互动机制

环境宣教与环境舆情之间的互动机制是一个复杂而动态的过程。一方面，环境宣教通过传播环保知识和理念，引导公众形成正确的环保观念，从而塑造积极的环境舆情；另一方面，环境舆情又通过反馈公众对环保问题的看法和态度，为环境宣教提供改进和创新的动力。这种互动机制有助于推动环境保护事业的可持续发展。

综上所述，环境宣教与环境舆情之间存在着密切且复杂的关系。两者相互促进、相互影响，共同构成了环境保护事业中的重要组成部分。因此，在推动环境保护事业发展的过程中，应充分重视环境宣教与环境舆情的互动作用，加强两者的协同配合，以形成更加积极、健康、向上的环保舆论氛围。

任务四　环境宣教项目文案

文案策划是环境宣教项目的核心环节之一，它负责将环保理念和信息以富有创意和吸引力的方式呈现出来，以引起公众的共鸣和行动。一个好的文案策划能够准确传达环保信息，激发公众的情感共鸣，引导公众采取积极的环保行动。作为项目实施的关键环节，其理论背景、策划原则和方法以及具体结构等方面都值得深入探讨。

一、环境宣教项目文案策划的原则

（一）目标明确性

环境宣教项目文案策划的首要原则是目标明确性。在策划文案时，需要明确项目的宣传目标、受众群体、宣传渠道等关键要素，以确保文案能够精准定位、有效传达。

（二）信息准确性

环境宣教项目文案策划需要确保信息的准确性。环保信息涉及公众健康和切身利益，因此文案中的数据和事实必须经过严格核实，确保无误。同时，文案中的环保理念和行动建议也需要基于科学和实践，避免误导公众。

（三）创意吸引力

在环境宣教项目文案策划中，创意吸引力是提升文案效果的关键。一个富有创意的文案能够吸引公众的注意力，激发其兴趣，从而使其更加深入地了解和关注环保问题。因此，在策划文案时，需要注重创意的挖掘和运用，通过新颖的角度、生动的语言和丰富的形式来呈现环保信息。

（四）情感共鸣性

情感共鸣是连接文案与受众的桥梁。在环境宣教项目文案策划中，需要注重情感元素的融入，通过讲述环保故事、展现环保成果等方式，激发公众的情感共鸣，使其更加深刻地认识到环保的重要性，从而采取积极的行动。

二、环境宣教项目文案策划的策略方法

（一）明确受众定位

在策划环境宣教项目文案时，首先需要明确受众定位。不同的受众群体具有不同的特点和需求，因此需要根据受众的年龄、性别、职业、兴趣等因素进行细分，制定相应的宣传策略和文案风格。例如，针对青少年的文案可以更加注重趣味性和互动性，而针对成年人的文案则可以更加注重实用性和深度。

（二）挖掘环保亮点

环境宣教项目文案策划需要挖掘环保亮点，以突出项目的独特性和吸引力。这些亮点可以包括环保成果、环保技术、环保人物等方面。通过深入挖掘和呈现这些亮点，可以使公众更加直观地感受到环保的重要性和成果，从而增强其环保意识和行动意愿。

（三）运用多种媒介和渠道

在环境宣教项目文案策划中，需要运用多种媒介和渠道来扩大宣传范围和强化宣传效果。这些媒介和渠道可以包括社交媒体、电视广播、报纸杂志、户外广告等。通过综合运用这些媒介和渠道，可以将环保信息传递给更广泛的人群，形成全社会共同关注环保的良好氛围。

（四）注重互动和参与

互动和参与是提高环境宣教项目文案效果的重要手段。在策划文案时，可以设计一些互动环节和参与活动，如环保知识竞赛、环保创意征集等，以激发公众的兴趣和参与度。通过互动和参与，可以使公众更加深入地了解和关注环保问题，同时也能够收集到更多的公众意见和建议，为项目的后续改进提供参考。

三、环境宣教项目文案策划的效果评估

（一）评估指标的选择

环境宣教项目文案策划的效果评估需要选择合适的评估指标。这些指标可以包括受众的知晓率、参与度、满意度等方面。通过收集和分析这些指标的数据，可以客观地评估文案的效果和存在的问题。

（二）数据收集和分析

在评估环境宣教项目文案策划的效果时，需要进行数据收集和分析。这可以通过问卷调查、访谈、网络监测等方式进行。通过收集和分析数据，可以了解受众对文案的认知程度、情感态度以及行动意愿等方面的信息，从而为后续的改进提供依据。

（三）问题反馈和改进建议

在评估过程中，可能会发现文案存在的问题或不足之处。针对这些问题，需要及时进行反馈和改进。这些建议可以包括调整文案风格、优化宣传策略、加强互动环节等方面。通过不断的改进和优化，可以提高文案的效果和吸引力，从而更好地推动环境宣教项目的发展。

四、环境宣教项目文案写作

（一）环境宣教项目文案的应用范围

环境宣教项目文案写作的应用范围相当广泛，主要涵盖以下几个方面：

1．政策宣传与倡导

环境宣教项目文案可以用于宣传环保政策，提高公众对环保政策的认知度和理解度。通过文案的撰写，可以解释政策的背景、目的和意义，引导公众积极响应和支持环保政策，推动政策的顺利实施。

2．环保教育与培训

在环保教育和培训领域，文案写作同样发挥着重要作用。可以编写各种形式的环保教材、课件、宣传册等，用于教育公众了解环保知识，培养他们的环保意识和技能。这些文案可以作为学校课程、社区讲座、在线课程等教育活动的参考资料，帮助公众形成正确的环保观念和行为习惯。

3．环保项目策划与报告

环境宣教项目文案还可以用于环保项目的策划和报告撰写。在项目策划阶段，文案需要详细阐述项目的背景、目标、实施方案和预期成果等内容，以便项目团队明确工作方向和任务分工。在项目完成后，文案则需要全面总结项目的执行情况、成果和经验教训，为今后的环保工作提供参考和借鉴。

4．环保法律法规解读与传播

撰写环保法律法规解读文案，可以帮助公众更好地理解法律法规的内容和精神，引导他们自觉遵守法律法规。通过传播这些文案，可以提高整个社会的环保意识和法律意识，促进环保工作的法治化进程。

5．环保活动与宣传

环境宣教项目文案在环保活动的策划、组织和宣传中也扮演着重要角色。可以编写活动方案、宣传海报、邀请函等文案，用于吸引公众关注和参与环保活动。同时，通过文案的撰写和传播，可以扩大环保活动的影响力，推动更多人加入环保事业中来。

6．社交媒体与网络平台

在社交媒体和网络平台上，环境宣教项目文案同样具有广泛的应用价值。可以编写简短有力的宣传语、图文结合的帖子或视频脚本等文案，用于在社交媒体上传播环保理念和行动号召。这些文案可以迅速吸引公众的注意力，激发他们的环保热情，推动环保话题的讨论和分享。

7．企业社会责任与品牌建设

对于企业而言，参与环境宣教项目并撰写相关文案也是履行社会责任、提升品牌形象的重要途径。通过撰写环保承诺、可持续发展报告等文案，企业可以向公众展示其在环保方面的努力和成果，增强公众对企业的信任和支持。

综上所述，环境宣教项目文案写作的应用范围非常广泛，涉及政策宣传、环保教育、项目策划、法律法规解读、环保活动宣传、社交媒体传播以及企业社会责任等多个领域。通过精心撰写和传播这些文案，可以推动环保事业的深入发展，提高公众的环保意识和参与度。

（二）环境宣教项目文案撰写的基本要求

1．简洁明了

避免使用过于专业或复杂的术语，确保文案易于理解。使用简单、直接的词汇和句子结构，提高文案的可读性。

2．逻辑清晰

文案应具有明确的结构和逻辑关系，通过段落分明的布局和过渡词的使用，使读者能够轻松理解文案的重点和论点。

3．数据支持

运用图表、数据和统计信息来增强文案的说服力。这些数据可以直观地展示环境问题的严重性和环保工作的成果，提高文案的可信度。

（三）环境宣教项目文案的写作技巧

1．明确目标受众

首先确定目标读者是谁，如学生、家长、企业员工、社区居民或是政策制定者等。不同的受众可能需要不同的语言风格、信息深度和兴趣点。

2．突出紧迫性与重要性

用具体数据、案例或事实说明环境问题的紧迫性和对个人、社区乃至全球的影响，激发读者的危机感和责任感。

3．采用易于理解的语言

避免使用过于专业或复杂的术语，确保文案内容通俗易懂，让所有人都能轻松理解环境问题的本质和解决方案。

4．情感共鸣

通过讲述引人入胜的故事、使用生动的比喻或描绘未来可能的美好或糟糕景象，触动读者的情感，增加文案的吸引力和说服力。

5．强调个人行动的重要性

清晰地指出每个人在日常生活中可以采取的具体行动，如减少使用一次性塑料、参与植树造林、节约用水用电等，让读者感受到自己也能为环境保护做出贡献。

6．使用视觉元素

图文并茂，利用图表、照片、视频等视觉元素辅助说明，增强文案的吸引力和信息的直观性。

7．呼吁与激励

结尾部分要有明确的行动号召（Call to Action，CTA），鼓励读者立即采取行动，如参加环保活动、分享信息、捐款支持等，并提供参与方式或联系信息。

8．保持客观公正

在传递信息时，确保数据准确、来源可靠，避免夸大其词或传播不实信息，维护项目的公信力和权威性。

9．适应多渠道传播

考虑到文案可能在不同平台（如社交媒体、电子邮件、海报、网站等）上发布，确保文案格式、长度和风格适应各平台的特性。

10．持续评估与反馈

文案发布后，收集受众反馈信息，评估其效果，并根据反馈进行必要的调整优化，确保宣教活动能够持续有效地推进。

【知识延伸】

环境宣教项目策划书

一份完整的环境宣教项目策划书通常应包含以下几个关键部分，以确保项目的系统性、可操作性和有效性。

一、封面与目录

封面：应包含项目名称、策划单位、策划时间等基本信息。

目录：列出策划书的主要内容和页码，便于读者查阅。

二、项目背景与目标

项目背景：阐述当前环境问题的严峻性、公众环保意识的现状以及项目发起的必要性。

项目目标：明确项目的短期目标和长期目标，如提高公众环保意识、促进环保行为的改变等。

三、项目类别与受众分析

项目类别：根据任务一的内容，明确项目的具体类别，如学校教育项目、社区宣教项目等。

受众分析：分析目标受众的年龄、性别、兴趣爱好、环保认知程度等，以便制定针对性的宣教策略。

四、总体策划与主题确定

总体策划：概述项目的整体构思、实施步骤和时间安排。

主题确定：根据项目的目标和受众特点，确定一个鲜明、具有吸引力的主题，如“绿色生活，从我做起”“共建美丽家园”等。

五、宣传手段与方法

线上宣传：利用社交媒体、官方网站、网络论坛等渠道，发布环保知识、活动预告、成果展示等内容。

线下宣传：通过环保讲座、展览、竞赛、志愿服务等活动，面对面地与受众互动，传递环保理念。

创新宣传：结合时下流行的元素和形式，如环保短视频、H5 互动页面、环保主题艺术展览等，提高宣传的趣味性和吸引力。

六、活动内容与实施计划

活动内容：详细列出项目的各项活动，包括讲座、展览、竞赛、志愿服务等，以及每项活动的具体内容、时间和地点。

实施计划：制定详细的时间表，明确各阶段的任务分工、时间节点和预期成果。

七、资源需求与预算

人力资源：列出项目所需的人员数量、职责分工和培训计划。

物资资源：列出项目所需的宣传材料、教学用具、活动场地等物资及其来源。

预算：根据项目规模和活动需求，编制详细的预算表，包括各项费用的预算金额和用途。

八、风险评估与应对措施

风险评估：识别项目可能面临的风险，如天气变化、受众参与度低、资金不足等。

应对措施：针对每项风险，制定具体的应对措施，如提前准备备用场地、增加互动环节提高受众参与度、寻求多方资金支持等。

九、监测与评估

监测计划：制订项目实施的监测计划，明确监测指标、方法和频率。

评估标准：根据项目目标，制定具体的评估标准，如受众环保意识的提升程度、环保行为的改变情况等。

评估方法：采用问卷调查、访谈、观察等多种方法，对项目效果进行全面评估。

十、附录

相关文件：包括项目批准文件、合作协议、宣传材料等。

参考文献：列出策划书中引用的相关文献、资料和数据来源。

通过以上结构的策划书，可以系统地规划和管理环境宣教项目，确保项目的顺利实施和有效成果的取得。

【环境新闻】

拉萨市生态环境系统开展节能宣传周宣传活动

今年7月10日至16日是我国第33个全国节能宣传周，为进一步普及节能低碳的生活理念，倡导文明、节约、绿色的生活方式，拉萨市生态环境局采取“线上+线下”的方式，多措并举丰富活动形式，多渠道、多角度开展节能宣传周活动。

宣传周期间，市生态环境局利用办公区域电子屏幕滚动播出宣传标语，营造节能减碳良好氛围。以全局职工办公点为切入点，在办公以及公共区域张贴节能标识，提醒广大干部职工节约用水用电，弘扬勤俭节约传统美德。

同时，该局还联合市级相关部门在宇拓路悬挂横幅、设置展板，向过往市民发放生态环境保护宣传手册、生态环境保护手提袋等宣传用品，通过图文展示、面对面宣讲、发放宣传资料等形式，积极宣传生态环境保护理念，大力倡导勤俭节约、绿色低碳的社会风尚，在全社会营造节能降碳的浓厚氛围。

此外，该局还与自治区生态环境厅、拉萨市生态环境局城关区分局联合拉萨城投机动车检测有限责任公司，开展“绿色车辆检测助力低碳生活”活动，让市民了解机动车排放尾气对人体及环境的危害，倡导市民养成良好开车习惯，低碳出行，提升公众节能减排意识。

截至目前，市生态环境局共发放宣传册 500 余份、生态环境保护袋 350 余个，线上推广节能信息 10 余条。通过此次节能宣传周系列活动，对我市形成绿色低碳的生产生活方式、营造节能降碳浓厚氛围有很大的促进作用。

新闻来源：http: //www.tibet.cn/cn/ecology/202307/t20230718_7451629.html。

思考题

1. 如何衡量文案对受众环保意识、行为改变或政策推动等方面的影响？
2. 环境宣教活动该如何策划？主题如何确定？
3. 环境宣教的宣传手段有哪些？

项目三　项目管理实务

【学习目标】

1. 了解环境宣教活动运营管理的概念；
2. 掌握环境宣教组织；
3. 明确环境宣教活动时间管理与活动策划；
4. 了解环境宣教活动财务管理相关知识；
5. 熟悉环境宣教活动现场管理及文案管理要求。

任务一　环境宣教活动运营管理概述

一、环境宣教活动运营管理概念

环境宣教是指针对环境保护、资源利用、生态建设等方面的知识，通过各种宣传手段和教育活动，让社会公众、学生、企业等群体了解和认识生态环境问题，增强生态环境保护意识，促进生态文明建设。在现代社会，随着工业化、城市化等进程的加快，环境污染、生态破坏等问题越来越严重，给人们的生活和健康带来了严重的威胁。因此，开展环境宣教显得十分重要。通过电视、广播、网络、报刊等各种媒体，可以向公众传播生态环境保护知识、宣传生态环境保护法律法规，引导人们落实生态环境保护责任，共同保护环境。

环境宣教活动运营是指通过系统化的策划、组织、实施和评估，设计和执行一系列教育活动，旨在强化公众对环境问题的认知、态度和行为改变，从而推动环境保护和可持续发展。其核心目标是通过教育和宣传，增强公众的生态环境保护意识，促进生态环境保护行为的普及，最终实现人与自然的和谐共处。环境宣教活动运营不仅是单一活动的执行，而且是一个持续的过程，涵盖从前期调研、目标设定、内容设计到活动实施、效果评估和反馈改进的全流程管理。它需要结合教育、传播、管理等多学科知识，确保活动的有效性和可持续性。

在学校里，可以开展生态环境保护主题班会、生态环境保护知识讲座、生态环境保护实践活动等形式的教育，让学生了解生态环境保护的重要性，培养其生态环境保护意识和行为习惯。同时，也可以利用校园的绿地和植被，引导学生亲近大自然，感受自然之美，了解和认识生态系统。对于企业而言，生态环境的建设也是其可持续发展的基础。通过开展环境宣教，引导企业员工树立可持续发展理念，落实生态环境保护责任，采取节能减排、资源合理利用等措施，促进企业绿色发展。环境宣教是一项长期的工作，需要全社会共同参与，通过持续不断的宣传教育，形成共同的生态环境保护文化，推动生态文明建设。

二、环境宣教活动运营的主要要素

环境宣教活动运营是一项系统工程，每个要素都至关重要且相互关联，共同决定着活动的成效和影响力。以下对环境宣教活动运营的主要要素进行更详细的阐述。

（一）明确的活动目标

短期目标：以具体活动为单位，制定在活动开展期间及结束后的短时间内要达成的目标。如在某次“地球一小时”活动期间，实现参与人数达到 10 万人，活动相关话题在社交媒体上的曝光量达到 1 亿次等。

长期目标：立足社会可持续发展的大框架，设定环境宣教活动对整个社会环境意识和行为产生深远影响的长远目标。如在未来 5～10 年内，使所在地区公众对主要环境问题的认知率提升到 90%以上，推动形成全社会绿色生活方式的广泛共识。

（二）有针对性的活动内容

环境问题深度剖析：深入解读全球和本地面临的主要环境问题，如气候变化、生物多样性丧失、水资源短缺等，分析其产生的根源、影响范围和严重程度。结合数据和研究报告，让公众了解环境问题的紧迫性。

环保行动指南：提供详细的个人和社会层面的环保行动方案，包括绿色消费指南，如如何选择环保产品、避免购买一次性用品；社区环保行动策略，如组织邻里共同开展垃圾分类监督、创建绿色社区等。

环境文化与价值观：挖掘和传播环境文化，介绍不同文化中与环保相关的理念和传统，如一些民族的自然崇拜习俗中蕴含的生态智慧。通过文化的力量，培育公众的环境伦理和价值观，使环保成为一种内在追求。

（三）精准的目标受众

深入的受众画像：除基本的人口统计学特征外，还需分析受众的生活方式、消费习惯、媒体使用偏好等。如年轻的上班族可能更关注工作中的环保措施和绿色出行方式，他们主要通过社交媒体获取信息，喜欢参与线上互动活动。

受众行为分析：研究目标受众在环境问题上的现有行为模式和行为障碍，如了解到老年人在垃圾分类中可能存在知识理解和行动不便的问题，儿童可能缺乏环保行动的主动性等，以便制定有针对性的引导策略。

（四）多样化的活动形式

沉浸式体验活动：打造环保主题公园、生态博物馆等沉浸式体验场所，让公众在模拟的自然环境和环保场景中，通过亲身体验、互动游戏等方式，深入了解环保知识。如建设一个模拟的湿地生态系统，让参观者在其中感受湿地的生态功能和保护意义。

艺术与文化活动：举办环保主题的音乐会、戏剧演出、艺术展览等，以艺术的形式传递环保理念。如创作以气候变化为主题的音乐剧，通过音乐、舞蹈和剧情，唤起公众对环境问题的情感共鸣。

跨界合作活动：与体育、时尚、美食等领域合作开展环保活动，如举办环保马拉松，参赛者需自带环保装备，比赛沿途设置环保知识打卡点；举行环保时尚秀，展示用废旧材料制作的时尚服装等，将环保与多元文化元素融合，吸引更广泛的受众。

（五）有效的传播推广

品牌建设：为环境宣教活动打造独特的品牌形象，包括设计具有辨识度的标识、口号和品牌故事。通过持续的品牌传播，使活动品牌在公众心目中形成鲜明的印象，如“绿色地球行动”品牌，以其简洁有力的标识和积极向上的口号，成为环保活动的知名品牌。

内容营销：创作丰富多样的传播内容，如制作环保科普动画、拍摄环保公益广告、撰写深度环保文章等。根据不同的传播渠道和受众特点，定制相应的内容形式，如在短视频平台上发布有趣的环保知识短视频，在专业媒体上发表深度的环境评论文章。

舆情监测与引导：实时监测活动相关的舆情动态，及时回应公众关切和疑问，引导舆论方向。如在活动期间，对社交媒体上关于活动的热门话题和争议点进行及时处理，通过官方账号发布准确信息和解释说明，维护活动的良好形象。

（六）专业的团队与合作伙伴

团队培训与发展：定期为团队成员提供专业培训，包括环境科学知识更新、教育教学方法提升、活动策划与管理技能培训等。鼓励团队成员参加相关的学术研讨会和行业论坛，不断提升专业素养。

合作伙伴拓展：与国际环保组织建立合作关系，引进先进的环保理念和技术；与科研机构合作开展环境研究项目，为活动提供科学依据和数据支持；与企业建立长期的战略合作伙伴关系，共同开展环保公益项目，实现互利共赢。

合作机制建设：建立健全与合作伙伴的沟通协调机制、利益共享机制和风险共担机制。通过签订合作协议、定期召开合作会议等方式，确保合作项目的顺利推进，保障各方的权益和责任。

（七）合理的预算与资源配置

预算调整与优化：在活动实施过程中，根据实际情况对预算进行动态调整和优化。如发现某项活动支出超出预期，可在其他预算项目上进行合理压缩，确保总预算不超支。同时，根据活动效果和反馈，对后续活动的预算分配进行调整，加大对效果好的项目的投入。

资源整合与共享：整合内部和外部资源，实现资源的最大化利用。如与其他环保组织共享活动场地、设备等物资资源；利用合作伙伴的渠道资源，扩大活动的宣传范围和影响力。建立资源共享平台，促进各方资源的交流和合作。

资源创新与拓展：积极探索新的资源获取渠道和方式，如通过众筹、公益拍卖等方式筹集活动资金；与企业合作开展资源置换，用活动的宣传资源换取企业的产品或服务支持。同时，挖掘和利用社会闲置资源，如闲置的空间可作为环保活动的临时场地。

（八）活动评估与反馈

多维度评估体系：除了常规的参与人数、满意度等指标，还需从环境行为改变、社会影响力、政策推动等多个维度进行评估。如通过跟踪调查，评估活动后参与者在家庭、工作中的实际环保行为改变情况；分析活动对当地环保政策制定和实施的推动作用。

深度反馈分析：对收集到的反馈意见进行深入分析，挖掘问题背后的原因和潜在需求。如通过对参与者意见的文本分析，发现公众对环保技术应用方面的知识需求较高，为后续活动内容的调整提供依据。

评估结果应用：将评估结果充分应用于活动改进和战略规划中。根据评估发现的问题，及时调整活动内容、形式和传播策略；将活动的成功经验和有效模式推广到其他地区或项目中，提升环境宣教活动的整体水平。

三、环境宣教活动运营管理方法

环境宣教有助于推广生态环境保护理念，增强大众的生态环境保护意识，引导公众关注生态环境的改善和维护，共同营造良好的社会环境。在开展环境宣教活动之前，运营人员要掌握环境宣教的运营方法，这样才能收到事半功倍的宣传效果。

（一）建立生态环境保护意识

首先要建立人民群众的生态环境保护意识，让人民群众认识到生态环境保护的重要性，充分利用各种宣传形式宣传生态环境保护理念，不断提高大家对生态环境保护工作的认识和重视程度。

（二）确定生态环境保护目标和措施

运营部门需要制定详细的生态环境保护目标和措施，制订生态环境保护计划，加大生态环境保护力度。此外，运营部门应该注重环境影响评价，合理设计排放工艺，保障环境质量。

（三）推行低碳生态环境保护技术

运营部门应倡导各大企业推行低碳生态环境保护技术，采用节能降耗的技术，减少企业对环境的影响，提高资源利用效率，实现绿色发展。

（四）强化生态环境保护管理

运营部门应该建立完善的生态环境保护管理制度，落实生态环境保护责任，加强对生态环境保护工作的监管和检查，确保生态环境保护工作的有效执行。

（五）宣传生态环境保护理念

运营部门应该积极宣传生态环境保护理念，提高公众生态环境保护意识，促进社会生态环境保护发展，倡导可持续发展的生活方式。

【知识卡片】

环境保护营销推广方法

一、定位清晰的品牌形象

企业在生态环境保护营销推广中首先要明确自己的品牌形象和定位，确定自己想要传达的信息和意义。必须通过科学的市场调研和数据分析，了解消费者的需求和心理，针对性地设计出相应的产品和服务，从而建立一个清晰的品牌形象。只有定位清晰、信息准确的品牌形象才能获得消费者的信任和认同，从而提高企业在市场中的竞争力。

二、利用影响力人群

生态环境保护问题是一个全球性的话题，各个国家和地区的消费者对生态环境保护问题的理解和重视程度不同。在市场推广中，可以找到具有一定权威的影响力人群，将其作为推广的依托。例如，通过寻找具有影响力的社会名人或专业领域的专家，让他们成为公司品牌的形象代言人，宣传我们的生态环境保护理念，从而提升企业的知名度和认可度，吸引更多的消费者加入生态环境保护行动中。

三、提供高品质的生态环境保护产品和服务

生态环境保护营销的实质是通过提供生态环境保护产品和服务，引导更多的消费者参与环境保护中。如果生态环境保护产品和服务质量不高，很难对消费者产生吸引力。因此，在生态环境保护营销推广过程中，必须注重提高生态环境保护产品和服务的品质和质量，满足消费者的需求，给消费者带来真正的生态环境保护体验。

四、强化品牌宣传策略

赢得消费者的信任和认可是企业推广的核心。因此，企业必须运用广泛的品牌宣传策略，包括线上媒体、线下活动、社交媒体和口碑营销等，在不同的渠道中推广自己的品牌形象和企业理念，提高品牌知名度和美誉度。同时，企业要不断创新，开发出有趣、有吸引力和互动性的宣传方式，如“绿色 DIY”活动、生态环境保护主题演艺等，加强品牌与消费者之间的互动，引导消费者参与和关注。

五、打造完善的生态环境保护物流链条

环境保护的核心是减少对环境的污染和破坏。因此，在生态环境保护产品和服务推广中，必须注重完善生态环境保护物流链条。从产品设计、生产、销售、使用到回收、再利用等全过程，都要遵循生态环境保护原则，实行绿色生产和绿色消费。企业要注重从物流角度进行优化，选择生态环境保护包装材料、采用绿色能源等，全面提高企业的生态环境保护意识和责任。

六、加强社群营销

社群营销是现代营销推广的重要手段之一，通过社交网络、微信公众号等媒介推广品牌。企业可以开设独立的生态环境保护主题公众号、社群平台，为消费者提供有关生态环境保护方面的知识、全球生态环境保护动态、互动交流等内容，增强品牌的互动性和传播力度。同时，在开展生态环境保护活动中，可以选择重要时刻或节日进行宣传，拉近品牌与消费者之间的距离。

生态环境保护已经成为未来企业发展的重要方向，想要在市场竞争中立于不败之地，必须注重生态环境保护营销推广，提高企业产品和服务的生态环境保护意识和责任，全力打造和传播健康、自然、和谐生态环境保护理念，以满足消费者对生态环境保护责任的需求和期待。

任务二　环境宣教组织

一、环境宣教组织

环境宣教的组织结构通常是一个多层次、多主体的系统，涉及政府、社会组织、教育机构、企业、社区以及国际组织等不同主体的协同合作。其核心目标是通过传播环境知识、提升公众环保意识、倡导绿色行为，推动全社会参与环境保护。环境宣教组织结构具有以下特点：首先是多元协同：政府主导、社会参与、市场补充，形成“自上而下”与“自下而上”结合的网络。其次是因地制宜：不同地区根据本地环境问题（如沙漠化、海洋污染）调整宣教重点。最后是创新驱动：利用 VR 技术、游戏化学习（如环保主题手机游戏）增强公众参与度。

（一）政府主导机构

政府是环境宣教的核心推动者，通过政策制定、资金支持和监管职能确保环境宣教的系统性和持续性。

1. 国家级机构

1）生态环境部（或生态环境部门）：负责全国性环境宣教政策的制定，如《全国环境宣传教育行动纲要》，统筹协调跨部门合作。

2）教育部：将环境教育纳入国民教育体系，推动中小学及高校课程中的环保内容。

3）中央宣传部/国家广播电视总局：通过媒体平台（电视、广播、网络）传播环保理念，制作公益广告或纪录片。

2．地方级机构

1）省/市生态环境厅（局）：执行国家政策，组织本地特色宣教活动（如垃圾分类宣传、低碳城市推广）。

2）地方教育局、社区服务中心：负责基层环境教育的落地实施，如社区环保讲座、学校实践课程。

（二）社会组织（NGO）

NGO在环境宣教中扮演灵活创新的角色，弥补政府与公众之间的“最后一公里”需求。

1．国际环保组织

如绿色和平（Greenpeace）、世界自然基金会（WWF），通过全球网络提供宣教资源（教材、活动模板），发起跨国环保运动（如“地球一小时”）。

2．本土环保NGO

如自然之友、公众环境研究中心（IPE），聚焦本地环境问题（如河流保护、空气污染），组织公众参与活动（如环保志愿者培训、污染监督）。

（三）教育机构

教育系统是环境宣教的基础阵地，覆盖从儿童到成人的全年龄段。

1．学校教育

1）中小学：通过科学课、社会实践（如校园垃圾分类、生态农场）培养环保习惯。

2）高等教育：大学开设环境科学、可持续发展专业，鼓励学生参与环保科研和公益项目。

2．社会教育

1）培训机构：针对企业员工、公务员开展低碳经济、ESG（环境、社会、治理）培训。

2）开放平台：如博物馆、科技馆设立环保主题展厅，通过互动体验传播知识。

（四）企业与社会责任部门

企业通过履行社会责任（CSR）参与环境宣教，兼具经济与环保双重目标。

1．企业内部宣教

对员工进行节能减排培训，推广绿色办公（如无纸化、节能设备）。

2．对外公众宣教

发布企业环境报告，赞助环保公益活动（如植树、清洁海滩），通过品牌影响力倡导绿色消费（如可回收包装、碳足迹标签）。

（五）社区与基层网络

社区是环境宣教的“毛细血管”，直接影响公众日常行为。

1．社区组织

居委会、物业公司组织垃圾分类培训、环保手工坊等活动。

2．志愿者团队

由居民自发成立环保小组，开展社区绿化、旧物置换等行动，形成邻里互助的环保文化。

（六）媒体与传播平台

媒体是环境宣教信息扩散的关键渠道，形式多样化。

1．传统媒体

电视台、报纸开设环保专栏，报道典型案例（如塞罕坝植树造林）。

2．新媒体

社交媒体（微博、抖音）通过短视频、话题挑战（如减塑行动）吸引年轻群体。环保博主、KOL（关键意见领袖）以个人影响力传播环保知识。

（七）国际机构与合作网络

全球性环境问题需要跨国合作，国际组织提供资源与经验共享。

1．联合国机构

如联合国环境规划署（UNEP）发起全球性宣教项目（如“清洁海洋运动”）。

2．国际公约框架

如《巴黎协定》《生物多样性公约》推动成员国开展气候和生物多样性教育与公众参与。

（八）科研机构与智库

科学数据与研究成果为环境宣教提供权威依据。

1．科研院所

中国科学院、高校环境学院发布研究报告，用数据揭示环境问题的紧迫性（如碳排放与气候变化的关系）。

2．智库与咨询机构

设计环境宣教策略，评估宣教效果（如公众环保意识指数）。

3．监督与评估机制

为确保环境宣教的有效性，需建立反馈和评估体系。

1）第三方评估机构：对宣教项目进行绩效评估（如覆盖率、行为改变率）。

2）公众反馈渠道：通过问卷调查、社交媒体互动收集公众意见，优化宣教内容。

通过以上多层级、多维度的组织结构，环境宣教能够覆盖政策制定、知识传播、行为引导和效果评估的全链条，最终实现全民环保意识的提升和可持续发展目标的推进。

二、环境宣教组织管理方法

要想做好环境宣教工作，首先要有系统的组织管理能力，让工作人员在既定的工作轨道上高效运转，在保证宣传工作质量不断提升的同时，避免出现生态环境保护方面的问题。下面介绍一些环境宣教工作的组织管理经验。

（一）要有专职环境宣教工作人员

在宣传工作中，专职人员和兼职人员工作成果产出是有天壤之别的。因为宣传工作每天都要和大量宣传材料接触，这就要求宣传人员必须心无旁骛做好工作，如果在做宣传工作的同时还兼顾其他工作，必然很容易打断工作思路，影响工作效率。

因此，一个单位专职宣传人员基本配置应当至少有一名能写环境稿件的人员和一名懂新媒体编辑的人员，该人员还要兼顾督导催稿等日常事务。

（二）要形成完善的工作体系

宣传工作连续性很重要，要有源源不断的宣传材料，才能保证宣传工作高质量进行。因此完善的宣传工作体系应当包含激励机制（定期对新闻宣传工作优秀集体和个人进行表彰）、督导机制（定期公布宣传排名等情况）、稿件编辑和审核机制（从稿件被起草到最终发稿，要有相关人员层层审核把关，科普类稿件内容务必正确严谨，工作类稿件内容不能夸大，要实事求是，确保稿件质量）。

（三）要建立环境宣教工作能力提升渠道

宣传工作更新换代非常快，因此宣传工作一定要与时俱进，顺应时代需要，不断提升工作能力，才能持续保持高质量发展。

一是要定期邀请媒体记者召开座谈会，共同做好策划和谋划，不断推出具有地方特色的典型报道，讲好故事、传播正能量；

二是要建立宣传类学会组织，凝聚各方媒体力量，共同为行业宣传出谋划策；

三是要定期举办培训班，邀请本地区宣传大咖为行业宣传工作者培训，提升专业素养；

四是组织好作品的评选活动，调动宣传工作者多创作好的宣传作品。

任务三　进度安排和时间管理

一、环境宣教活动进度管理

在当今信息化的社会，宣传是每个组织和企业不可或缺的一环。但是，仅仅有了宣传的意愿是不够的，需要有系统规划、合理安排的宣传周期和计划调整流程来保证宣传效果的最大化。

（一）宣传周期的划分

1．长期宣传周期

长期宣传周期主要是围绕组织的核心价值和环境宣教进行的宣传，目的是建立长期的、有意义的、有效的互动关系，明确环境宣教活动的重要性。这一周期的策划需要考虑到时间节点、宣传内容选择和各个媒体的运用等方面。

2．中期宣传周期

中期宣传周期主要是针对某些特定的活动、事件或产品进行的宣传，一般在 3 个月至 1 年，目的是提升环境宣教活动、事件或产品的知名度和美誉度。策划中需要注意时间节点、宣传内容的创意和媒体选择等。

3．短期宣传周期

短期宣传周期是指在 1 个月之内的宣传活动，目的是快速提升活动/服务的认知度和吸引力。策划中需要考虑到时间紧迫、舆情反应和创意度等问题，需要快速响应和调整。

（二）宣传计划调整流程

无论是长期、中期还是短期宣传周期，策划者都需要时刻跟进宣传效果和反馈，及时对宣传计划进行调整，以达到最佳效果。

具体的宣传计划调整流程如下：

1．定期回顾与评估

在宣传周期中，策划者需要每隔 1～3 个月对已经发布的宣传内容进行回顾与评估。主要评估的参数包括：宣传效果、舆情反馈、观众反应等。对于负面反馈或不符合要求的宣传，需要及时进行调整。

2. 及时调整宣传内容

在对已有宣传进行评估的基础上，需要及时进行调整，对于创意度高但是关联性不强、反应不佳的宣传内容需要适时进行修改或撤下。

3. 加大投入或降低成本

如果宣传效果良好，策划者可以适当加大宣传推广的预算，并加大宣传媒介的投入。反之，如果刚开始的宣传策划效果不佳，策划者需要适当降低预算和成本。

4. 持续关注反馈

在调整后，策划者需要持续关注反馈效果，保证宣传策划的持续推动。

总之，宣传周期和计划调整流程是宣传策划中不可或缺的一环，它需要策划者在宣传策划中充分考虑到各种因素，进行前瞻性布局与规划，使整个宣传活动对组织的效益最大化，让宣传内容真正达到宣传效果。

二、环境宣教活动时间管理重要性

宣传活动和推广是环境宣教活动中非常重要的一部分。通过宣传活动和推广，可以吸引更多的人关注环境问题，并身体力行地为我国的生态环境保护事业出一份力。然而，宣传时间的安排也是非常重要的，一个错位的时间安排可能会浪费相关部门大量的资金和时间，并且不能获取预期效果。所以，在宣传时间的安排上，相关部门应该注重细节，做好时间规划。

首先，考虑宣传活动和推广时间的选择。相关部门在选择宣传时间时需要考虑诸多因素，如天气、政策以及当地活动情况等。例如，《关于进一步推进生活垃圾分类工作的若干意见》（建城〔2020〕93 号）明确提出从 2020 年起全面推行垃圾分类，并在上海、重庆等城市进行试验。各省（区、市）的生态环境部门可以利用这个机会开展以“垃圾分类”为主题的宣教活动，向市民普及干垃圾及湿垃圾的分类标准和注意事项，并策划一系列的互动环节，如垃圾分类相关的有奖竞猜。这样不仅能够帮助市民快速掌握垃圾分类的相关知识，还能宣传垃圾分类的重要性。

其次，考虑宣传和推广活动的频率。环境宣传和推广活动的频率应该在人民群众接受能力的范围内，而不是一味追求频率。活动频率过高或过低，都会影响相关活动的宣教效果，还会浪费人力、物力及财力。

最后，生态环境部门需要考虑宣传和推广时间的长度。活动的时长直接关系到宣传效果。如果活动时间太短，人民群众可能没有足够的时间来了解环境相关知识，从而不能带来有效的宣传效果。如果活动时间太长，则会增加宣传成本，并且可能会让大众感到疲劳。因此，相关部门需要根据活动的性质和目标人群，选择合适的时间长度，以达到最佳效果。

综上所述，时间在环境宣传活动和推广中扮演着至关重要的角色。只有通过科学合理的时间安排，才能够有效地提高活动效率，实现宣传的最佳效果。

三、环境宣教活动策划案例

“构建环境友好型校园”生态环境保护宣传活动策划

1. 活动背景

每年6月5日，是联合国确定的“世界环境日”。之所以要确定这样的日子，是为了宣传环境对人类生存和发展的重要性，唤起各国和人民保护环境的意识，动员各方面力量采取保护环境的行动，从而为人类和他们的后代留下一个适于生存的环境。客观地说，几十年来人类环境保护意识已经大大加强。各国政府在保护环境的行动方面也取得了一些进步，但总体来看，地球的环境还在不断恶化，特别是在发展中国家，我国从以往的历史教训中得出：“发展经济不以牺牲环境为代价”，所以我们应从维护国家生态安全和可持续发展的大局出发，保护环境从我做起、从身边做起，构建环境友好型的美丽校园。

2. 活动目的

增强生态环境保护意识、美化家园环境、创建环境友好型校园。

3. 活动名称

“构建环境友好型校园”生态环境保护宣传活动。

4. 活动主办单位

校团工委。

5. 活动执行

绿色旋律生态环境保护协会。

6. 活动内容

活动一：“构建环境友好型校园”校园生态环境保护知识大赛

活动二：成立青年生态环境保护志愿者服务队

活动三：征集保护校园环境文明警示用语

活动四：《中国国家地理》杂志社“环境与生活”校园征文活动

7. 活动媒体执行

×××文化报×××网（www.×××.cn）。

8．活动具体实施方案

活动一："构建环境友好型校园"校园生态环境保护知识大赛

（1）竞赛规则

1）参赛者为学院学生，每人只限填写一份答卷；试卷应写明姓名、性别、学院、班级名称及联系电话。如因参赛者所填写地址不详、字迹不清，导致主办单位无法与参赛者取得联系，则试卷作废。

2）试卷由学院发放到班级，再由班级发放到个人，个人也可通过×××网（www.×××.cn）点击下载，答卷不能有空题，用铅笔答题无效。

3）答题卷可由本人交至班级团支部，最后统一收齐，截止日期：2023年9月30日；主办单位将于9月25日和9月30日定点收集。

4）试题由绿色旋律生态环境保护协会负责在××省青年与环境互助网络题库中选取。

（2）评奖及颁奖方式

1）按答题正确率评奖，在同等正确率的情况下进行抽奖；

2）本次活动将设一等奖3名（奖金100元/人）、二等奖5名（奖金50元/人）、三等奖12名（奖金20元/人）、优秀奖200名（奖品一份），一、二、三等奖颁发获奖证书，6月2日张榜公布获奖名单；

3）在10月3日的颁奖晚会中，邀请颁奖嘉宾颁奖。

活动二：成立青年生态环境保护志愿者服务队

为使校园生态环境保护工作长期不懈地展开，定期宣传生态环境保护知识，为校园环境做实事，体现当代大学生求真务实的精神风貌，校团工委与绿色旋律生态环境保护协会决定成立"青年生态环境保护志愿者服务队"。服务队将统一着装，定期开展生态环境保护活动。

（1）加入生态环境保护志愿者的条件

1）热爱生态环境保护、关心生态环境保护，有正义感和责任感；

2）组织纪律性强，身体健康；

3）品学兼优，家庭贫困者优先。

（2）报名及评选办法

申请者到绿色旋律生态环境保护协会报名，绿色旋律生态环境保护协会于9月30日前将申请表交至校团工委进行评定，10月5日张榜公布。

活动三：征集保护校园环境文明警示用语

为保护校园环境，引导大家共同抵制破坏环境的不良行为，构建环境友好型校园。我们特征集"保护环境文明警示用语"，制作成园林小品，点缀在绿地、水体等公共地段。

（1）文明警示语要求

1）体现保护绿地、花草树木、水体、公共卫生、鸟、鱼及其他动物等主题；

2）内容健康、温馨，语言简洁易懂，能引起共鸣。

（2）参加办法及评奖

1）“文明用语”稿件上写明姓名、性别、学院、班级名称及联系电话后可由本人直接交至绿色旋律生态环境保护协会，截止日期：2023 年 9 月 30 日。

2）我们将邀请多方面专家进行综合选评，选定 10 条用语在校园公共地段使用，10 月 2 日张榜公布获奖名单；

3）凡被采纳者我们将在 10 月 3 日的颁奖晚会中，邀请颁奖嘉宾颁发奖金（20 元/条）。

活动四：《中国国家地理》杂志社“环境与生活”校园征文活动

（1）征文要求

1）文体不限，字数在 2 000 字以内，标题自拟；

2）原创，首次公开发表的文章；

3）体现环境变化对我们生活的改变和影响；

4）参加征文必须以学校和社团为报名单位。

（2）评奖办法

获奖的征文，其代表的学校社团可直接获得“《中国国家地理》校园生态环境保护基金”的杂志捐赠，获奖个人将获得《中国国家地理》典藏版一套。

【环境新闻】

廊坊市集中开展世界环境日系列宣传活动

“我们是生态环境保护志愿者……”6 月 5 日上午，一曲旋律激昂的《我们是生态环境保护志愿者》在市区时代广场由来自廊坊市蓝天生态环境保护艺术团的近 50 名生态环境保护志愿者同声唱响。伴着歌声，志愿者们翩翩起舞，来往的市民纷纷驻足观看。随后，模特走秀、评剧选段等精彩节目接踵上演，引来现场观众的热烈掌声。

“您可以了解一下，不是所有纸张都属于可回收垃圾。”舞台旁的生态环境保护宣传台前，廊坊市生态环境局的工作人员正向过往市民介绍着日常生活中的生态环境保护小常识。

今年的世界环境日，廊坊市紧扣“建设人与自然和谐共生的现代化”主题，组织开展了丰富多彩的系列宣传活动。

现场活动中，来自廊坊市生态环境保护委员会各成员单位、中国电信廊坊分公司等相关工作人员百余人参加了宣传活动，向过往市民发放科普手册、法律法规解读手册和生态环境保护宣传布袋，并讲解生态环境保护知识。现场设置了宣传背板、条幅、展板，并分设法规咨询、阳光投诉等区域，分别接受群众生态环境保护法规咨询、受理环境问题投诉。活动当天，共发放十余种宣传手册万余册，解答市民问题 20 余个。

同时，廊坊市生态环境局还组织开展了形式多样的线上线下宣传活动，把生态文明理念送进机关、企业、社区、学校、农村，引导社会公众关注生态环境保护、支持生态环境保护、参与生态环境保护。线下活动方面，全市 4 家生态环境保护设施开放单位集中开放，邀请公众零距离接触生态环境监测、污水处理、城市生活垃圾处理、危险废物和废弃电器电子产品处理流程。全市各生态环境教育基地和各级绿色学校，结合自身特色，开展了生态环境保护宣讲、生态环境保护知识进校园等活动。线上活动方面，廊坊市生态环境局利用“双微”平台，组织开展“建设人与自然和谐共生的现代化”生态环境保护知识线上有奖答题、生态环境保护主题歌曲传唱展播和普法宣传活动，同时发布通俗易懂、贴近市民的新媒体产品，进一步扩大了社会影响和传播范围。

线上线下丰富的宣传活动，有效宣传了廊坊市生态文明建设的显著成效，增强了市民的生态环境保护意识，推动全市构建生态环境治理全民行动体系。

新闻来源：https: //m.thepaper.cn/baijiahao_23386311。

任务四　财务管理

财务管理在环境宣教活动中不仅是资金分配的技术工具，更是实现社会效益最大化、确保项目可持续性的战略支撑。其重要性体现在资源优化配置、风险防控、透明合规以及社会信任构建等维度。

一、财务管理的理论逻辑

财务管理的核心价值在于它是环境宣教活动中的资源杠杆。具体表现在以下几个方面。

（一）资源稀缺性与效率最大化

根据公共财政理论，环境宣教作为准公共产品，依赖有限的社会资源（政府拨款、企业捐赠、公众众筹等），必须通过财务管理实现资源利用的帕累托最优（资源分配的一种理想状态）。例如，某项目预算分配不合理（如宣传材料成本占比过高），可能导致核心活动（如专家讲座）资金不足，降低整体效益。

例如，某海洋保护 NGO（社会组织）在红树林宣教项目中，通过成本效益分析发现线下活动的边际效益递减，遂将 20%预算转为制作互动式线上课程，覆盖人数提升 3 倍，单位成本下降 60%。

（二）风险控制与项目韧性

环境宣教常常面临政策变动（如环保法规调整）、突发事件（如疫情导致活动取消）等风险。财务管理通过应急资金池、动态预算调整等机制增强项目韧性。这项决策的主要理论支撑是基于风险管理理论的“风险准备金”模型，建议预留总预算的 5%～10%应对不确定性。

（三）透明合规与社会信任

公众对环境宣教项目的资金使用敏感度高。根据信号传递理论，清晰的财务报告和审计结果可向利益相关者传递“可信赖”信号，增强捐赠者信心与公众参与度。例如，某基金会因定期公开“垃圾分类教育项目”的支出明细（含发票扫描件），次年公众捐款额增长 45%。

财务管理是环境宣教活动的“生命线”，其核心价值在于将有限的资源转化为可衡量的社会影响力。通过科学的预算设计、严格的成本管控和透明的信息披露，财务管理不仅保障活动落地，更能推动环境教育从“短期项目”向“长效生态”升级。

二、环境宣教活动中财务管理的意义

环境宣教活动中的财务管理具有重要意义。它能够有效保障资金使用的合规性和透明性，提高资金使用效率，还能促进项目的可持续发展，增强了公众参与和社会影响力，支持环境目标的实现，可以提升组织的财务管理水平。通过科学的财务管理，环境宣教活动能够更好地发挥其在生态环境保护和社会发展中的作用。

（一）确保资金使用的合规性和透明性

环境宣教活动需要大量的资金支持，财务管理能够确保这些资金的合理使用和透明管理。例如，绵竹市生态环境局在 2020 年的环境宣教工作中，严格按照财政管理制度执行，确保资金到位并按计划使用，实际支出 8 万元，程序合规。这种严格的财务管理不仅保障了项目的顺利进行，还增强了公众对资金使用的信任。

（二）提高资金使用效率

财务管理通过预算编制、费用支出审批和分批结算等方式，确保资金使用的高效性。

（三）促进项目的可持续发展

环境宣教活动的可持续发展需要稳定的资金支持。财务管理通过科学的预算编制和资金规划，确保项目能够长期运行。例如，亳州市生态环境局在 2022 年的环境宣教项目中，预算 65 万元用于生态环境保护宣传教育活动。这种科学的资金规划为项目的可持续发展提供了保障。

（四）增强公众参与和社会影响力

财务管理不仅关注资金的使用效率，还通过透明的财务报告和公开的信息披露，增强公众对环境宣教活动的信任和支持。

（五）支持环境目标的实现

财务管理通过合理的资金分配和使用，支持环境目标的实现。例如，天风天睿通过履行企业社会责任，兼顾经济效益与环境效益，推动地区经济发展和社会进步。这种财务管理方式不仅实现了经济效益，还促进了环境保护目标的达成。

（六）提升组织的财务管理水平

环境宣教活动中的财务管理有助于提升组织的整体财务管理水平。例如，宣汉县某单位通过财务管理培训，提升了财务规范化管理水平。这种培训不仅提高了财务人员的专业能力，还促进了财务管理的规范化和制度化。

三、环境宣教活动中财务管理步骤和方法

（一）预算编制的理论与方法

预算编制是环境宣教活动财务管理的首要环节，需全面且细致地规划活动所需的各项成本。以一场面向社区的环保知识普及活动为例，在预算编制时，要考虑场地租赁、宣传资料制作、专家讲座费用、互动奖品采购等方面。例如，场地租赁，需根据活动规模和场地类型确定费用，若是在社区活动中心举办，费用可能相对较低；宣传资料制作则要根据印刷数量、纸张质量和设计复杂度估算成本。通过对过往类似活动成本数据的分析，结合当前市场物价水平，制定出合理的预算。

1．预算编制原则

环境宣教活动的预算需遵循目标导向性、全面覆盖性和灵活性原则。预算应与活动目标紧密结合，覆盖宣传材料制作、场地租赁、人员培训、设备采购等全流程，并预留一定比例的应急资金以应对突发需求。例如，某植树节环保公益项目在预算编制中明确划分了宣传费用（占 30%）、活动执行费用（50%）和后期评估费用（20%），并通过动态调整机制应对物料价格上涨等风险。

2．预算编制流程

1）目标分解：根据活动规模分解为短期目标（如单次讲座）与长期目标（如年度系列活动），并匹配资源需求。

2）数据收集与分析：参考历史数据（如往期活动成本）和行业基准（如同类项目平均支出），结合市场调研确定合理预算区间。

3）部门协作：跨部门协同编制预算，例如，宣传部门提出物料需求，执行部门评估场地费用，财务部门整合并审核。

4）审批与发布：经管理层批准后，预算需向全体参与者公开，确保执行透明。

5）资金筹集：通过政府拨款、企业赞助、社会捐赠等多种方式筹集资金。在筹集资金时，需要明确筹集的目标、方式和时间表，并与相关部门和机构建立良好的合作关系。

6）成本控制：在活动过程中，密切关注各项开支，确保它们不超过预算。成本控制的方法包括定期审查开支、寻找成本效益更高的替代方案、优化活动流程等。

7）财务报告：在活动结束后，编制详细的财务报告，包括预算执行情况报告、资金收支明细表、成本控制效果分析等。这些报告应真实、准确、完整地反映宣教活动的财务状况。

8）审计与监督：接受内部审计和外部审计的监督，以确保财务报告的准确性和财务管理的合规性。审计结果可以为未来的宣教活动提供有益的参考和改进方向。

9）持续改进：根据财务报告和审计结果，分析财务管理中存在的问题和不足，并提出改进措施。这些措施可能包括优化预算编制方法、提高成本控制效率、加强财务报告的透明度等。

（二）资金管理的核心机制

环境宣教活动的资金来源多样，包括政府拨款、企业赞助、社会捐赠等。以某大型环保公益组织举办的系列宣教活动为例，政府基于其在环保教育领域的积极作用给予了部分资金支持；企业则看中活动的社会影响力和品牌曝光机会，提供赞助资金，赞助形式可以是现金，也可以是物资；此外，通过线上、线下的募捐活动，吸引了社会各界爱心人士的捐赠。不同的资金来源渠道有不同的申请和对接流程，需要妥善管理。

1．资金使用规范

专项资金必须专款专用，严格限定使用范围。例如，《海宁市环境治理专项资金管理办法》明确禁止将资金用于人员工资或福利支出，仅允许用于垃圾分类宣传、设备采购等直接相关领域。违规使用资金的案例中，某企业因挪用环保教育资金被追责并处以罚款，凸显了监管的重要性。

2．动态监控与调整

执行分析：通过月度或季度报告对比实际支出与预算差异，分析原因并调整策略。例如，某环保组织发现线上宣传成本低于预期后，将结余资金投入线下互动体验活动，提升整体效果。

应急机制：设立不超过总预算 10%的应急资金池，用于应对政策变化（如防疫要求增加临时设备）或自然灾害影响。

（三）成本控制

成本控制贯穿活动始终，旨在确保各项费用在预算范围内支出。在活动执行过程中，对于每一项支出都要严格审核。如在宣传资料印刷环节，通过多家印刷商询价对比，选择性价比最高的供应商，避免不必要的开支。同时，合理安排人力，避免人员冗余导致人工成本增加。对于一些可替代的资源，优先选择成本较低且不影响活动效果的方案。

1．成本核算与优化

标准化流程：建立统一的成本分类标准（如固定成本与变动成本），避免重复计算。某环保 NGO（社会组织）通过优化志愿者培训流程，将人均培训成本从 200 元降至 150 元。

供应商管理：通过招标或长期协议降低采购成本。例如，某宣教项目与印刷厂签订年度合同，使宣传手册单价降低 15%。

2．技术驱动的成本节约

引入数字化工具减少开支。某机构使用虚拟现实（VR）技术替代部分线下体验活动，节省场地租赁费用 30%，同时扩大受众覆盖范围。

（四）审计与风险管理

活动中可能面临资金不到位、超预算等财务风险。资金不到位可能导致活动无法按计划开展，对此要提前与资金提供方保持密切沟通，明确资金拨付时间节点。超预算风险则需要在活动执行过程中实时监控成本，一旦发现某项费用有超支趋势，及时分析原因并采取调整措施。如在活动中发现互动奖品采购成本超出预算，可考虑调整奖品的种类和数量，以控制成本。

1）内部审计。定期检查资金流向，识别潜在风险（如报销凭证缺失）。某案例中，审计发现某项目未按合同支付讲师费用，及时追回资金并调整流程。

2）外部监督：引入独立第三方机构评估资金使用合规性。例如，海宁市要求专项资金使用情况向社会公开，接受公众监督。

（五）财务报告与分析

活动结束后，要编制详细的财务报告，对活动的收入和支出进行全面梳理。通过财务分析，计算各项成本占比、资金使用效率等指标。例如，分析发现宣传资料制作成本占总预算的比例过高，可在后续活动中优化宣传资料的设计和制作方式，提高资金使用效率。财务报告不仅是对该次活动财务状况的总结，也为未来活动的财务管理提供重要参考。

四、环境宣教活动财务管理实例

以“江河卫士”河流保护公众宣教项目为例进行财务管理全流程解析。“江河卫士”是由某环保公益组织发起的区域性河流保护宣教项目，旨在通过社区宣传、公众参与式监测和媒体传播，提升居民对水环境保护的认知与行动力。项目周期 6 个月，覆盖 3 条主要河流流域，计划开展 30 场线下活动、制作 5 部科普短片，目标直接触达 10 万人次。

（一）预算编制：环境宣教的成本效益导向

1. 预算框架设计（基于零基预算法）

预算框架见表 3-1。

表 3-1　预算框架

模块	预算金额/万元	关键绩效指标（KPI）
社区活动	32	每场活动参与人数≥200 人，行为改变率≥15%
媒体传播	25	科普短片播放量≥50 万次，知识测试正确率提升 25%
志愿者培训	10	培训合格率 100%，人均服务时长≥20 h
监测设备	8	设备利用率≥90%，数据采集完整率 100%
应急与审计	5	突发风险应对率 100%，审计问题数≤1 项

2. 理论应用

边际效益递减规律：通过历史数据分析发现，当社区活动场次超过 25 场后，新增场次的参与度增幅低于 5%，故将预算从原计划的 40 场压缩至 30 场，节省资金用于短视频制作。

捆绑预算策略：将企业定向捐赠的 20 万元与“水质检测工具包”采购绑定，既满足捐赠方要求，又保障项目核心内容落地。

（二）资金管理：透明化与风险防控实践

1. 创新机制

以下为三级账户管理体系：

1）主账户：接收所有资金，按模块比例自动划拨至子账户；

2）模块子账户：社区活动、媒体传播等独立账户，支出不得超过预算的 110%；

3）应急池账户：按日计提 0.1%收入作为风险储备，独立审计。

2. 风险应对案例

项目执行期间遭遇台风天气，原定的 5 场河道清理活动被迫取消。财务团队启动预案：

使用应急资金租用室内场地，将活动转型为“洪水灾害环保对策工作坊”；

通过成本置换节省 3 万元（原户外保险费用减少，转为购买线上直播设备）；

最终参与人数反超原计划 12%，媒体传播量增加 30%。

（三）成本控制：环境宣教的精益化管理

1. 核心策略

（1）动态成本阈值监控

为每类支出设置红/黄/绿三区预警：社区活动物料费包括绿区（≤80 元/人）、黄区（80～100 元/人）、红区（≥100 元/人）三类，超标需书面说明；实际通过集中采购将成本控制在 75 元/人，节省 9.6 万元。

（2）社会化资源整合

与本地高校合作，将学生设计课程纳入学分体系，减少讲师费用支出 40%；

利用生态环境部门既有监测数据平台，避免重复开发系统，节约技术成本 15 万元。

2. 理论验证

例如，运用作业成本分析法（ABC）拆解“科普短片制作”流程（表 3-2）。

表 3-2　拆解流程后作业环节成本　　单位：万元

作业环节	传统成本	优化后成本
剧本创作	3.5	2.0（UGC 内容众包）
拍摄制作	12.0	8.0（复用生态环境部门素材库）
传播推广	9.5	5.0（KOL 置换资源）
合计	25.0	15.0

（四）绩效评估：环境效益的财务量化

1．评估模型

采用环境会计框架，将宣教成果转化为可量化的经济价值（表 3-3）。

表 3-3 成果量化经济价值

指标	数据	折算方法
减少乱扔垃圾人次	4 200 人（较基线提升 37%）	人均垃圾处理成本节约×人次［80 元/（人·a）］
新增环保志愿者	580 人	志愿服务价值（市场价 50 元/h×20 h）
企业环保投入增加	两家本地企业设立河流保护基金	首年承诺资金总额（60 万元）
总经济价值	151.6 万元	（4 200×80）+（580×1 000）+600 000

2．审计结论

第三方机构核查显示：

资金使用合规率 98.5%，主要偏差为 1.2 万元临时防疫支出未提前报备；

每万元投入产生环境经济价值 1.66 万元，高于行业基准（1.2 万～1.5 万元）。

"江河卫士"项目证明，环境宣教活动的财务管理需突破传统成本控制思维，通过价值共创机制（如公众参与内容生产）、环境会计工具和弹性预算设计，实现从"资金消耗"向"生态价值投资"的转型。该案例为环境宣教领域提供了可复制的财务管理范式——以有限资源激活社会资本，将环保意识转化为持续行动力。

【审计过程及方法】

一、基础数据核验与折算逻辑

1. 减少乱扔垃圾人次的经济价值

计算逻辑：4 200 人 × 80 元/（人·a）= 33.6 万元/a

审计重点：

验证"人均垃圾处理成本 80 元"的合理性（参考行业标准或历史数据）；

核查"提升 37%"的基线数据来源（如社区垃圾清运台账）。

2. 新增环保志愿者的服务价值

计算逻辑：580 人 × 50 元/h × 20 h = 58 万元

审计重点：

确认"市场价 50 元/h"的参照依据（如当地志愿者服务指导价）；

核实志愿服务时长记录（签到表或活动日志）。

3. 企业环保投入的直接经济贡献

数据来源：两家企业首年承诺资金总额为 60 万元。

审计重点：

查验基金设立协议及资金到账凭证；

追踪资金用途是否与环保目标一致（如河道清理设备采购）。

二、总经济价值的合成与验证

1. 合成计算

33.6 万元（垃圾处理）+58 万元（志愿服务）+60 万元（企业投入）= 151.6 万元

2. 第三方核查验证

数据一致性：比对原始票据与折算结果，确保无重复计算或遗漏；

合规性检查：资金使用合规率 98.5%（偏差 1.2 万元为防疫支出未报备），需追溯审批流程漏洞。

三、效益比率的行业对标分析

1. 环境经济价值产出比

计算：151.6 万元总价值 ÷ 91.6 万元总投入（33.6+58）≈ 1.66 万元/万元

审计结论：

高于行业基准（1.2 万 ~ 1.5 万元），表明项目资源转化效率较优；

需分析超额收益驱动因素（如志愿者培训提升服务效率）。

2. 风险提示

若企业后续资金未持续投入，可能拉低长期效益比；

防疫支出偏差反映预算编制灵活性不足，建议完善应急资金预案。

【环境新闻】

“垃圾分类　让生活更美好”主题环保宣传活动在北京通州区举办

日前，中华环境保护基金会环境文化教育基地“垃圾分类　让生活更美好”主题环保宣传活动在北京市通州区杨庄街道锦园社区举办。

来自中华环境保护基金会环境文化教育基地讲师团的讲师为当地社区的居民和垃圾分类志愿者详细解读了北京市生活垃圾的四大分类标准，包括可回收物、厨余垃圾、有害垃圾和其他垃圾。通过生动的案例和内容讲解，帮助锦园社区的居民们熟练掌握生活中各类垃圾的投放要求和投放的精准性。

同时，为积极响应国家“无废城市”建设号召，推进“无废社区”创建工作，讲师还深入介绍了“无废社区”的构建对于提升社区环境治理，激发大家共同参与环保行动的重要意义，并结合自己多年在垃圾分类领域的实践经验，分享实用的垃圾分类方法和心得体会。活动现场，社区的居民们就日常生活中遇到的垃圾分类问题进行提问，讲师一一现场解答，气氛融洽和谐。

通过互动游戏让社区居民熟练掌握垃圾分类技巧，进一步巩固学习到的垃圾分类知识，积极互动并回答正确的居民都获得了一份精美小礼物，鼓励大家积极参与垃圾分类活动。

新闻来源：https：//www.cenews.com.cn/news.html？aid=1184040。

任务五　现场管理

环境宣教活动的现场管理是确保活动目标实现、提升公众参与度、强化环保意识传播的关键环节。其意义不仅体现在活动本身的顺利进行，更对环保理念的深度传递、公众行为的长期引导以及项目影响力的持续扩大具有重要作用。

一、环境宣教活动的现场管理意义

（一）保障活动安全有序，提升公众参与体验

安全基础：通过规范场地布置、设备检查、应急预案等措施，避免参与者因场地隐

患或突发事故（如拥挤、设备故障、恶劣天气等）受伤，确保人身安全。

流程顺畅：合理的动线设计（如签到区、互动区、展示区划分）和明确的流程控制（如时间节点把控、环节衔接）能减少混乱，提升参与者对活动的专注度和满意度。

舒适体验：通过物资保障（如饮水、座椅、遮阳设施）、秩序维护（如引导排队、分流人群）和互动便利性设计（如清晰标识、志愿者服务），营造友好参与氛围，增强公众对环保活动的积极印象。

（二）强化宣教内容的有效传递

聚焦核心信息：通过现场主持人的引导、互动环节的精准把控，避免活动偏离环保主题，确保宣教内容（如垃圾分类、低碳生活、生态保护）被清晰传达。

提升参与深度：通过有序组织问答、游戏、实践操作（如手工工作坊、垃圾分类模拟）等活动形式，让参与者从被动接受转为主动参与，加深对环保知识的理解和记忆。

视觉化传播：通过展板、视频播放、实物展示等现场布置，结合志愿者的讲解，将抽象环保理念转化为直观的视觉体验，增强说服力。

（三）树立专业形象，增强公众信任感

组织专业性体现：高效的现场管理（如工作人员分工明确、应对突发问题迅速）能展现团队的专业性和责任感，提升公众对宣教内容的信任度。

环保理念践行示范：例如，活动中使用可回收物料、设置分类垃圾桶、倡导低碳出行，通过管理细节传递“知行合一”的环保态度，强化宣教的说服力。

建立长期联系：通过有序收集参与者反馈（如问卷调查、社群二维码引导），为后续宣教活动积累潜在受众，形成可持续的环保倡导网络。

（四）应对突发情况，降低风险影响

灵活调整策略：例如，针对天气突变（如暴雨）快速启用备用场地，针对设备故障及时切换备用方案，保障活动核心目标的实现。

舆情风险控制：通过现场秩序维护和志愿者沟通技巧，及时化解参与者可能的误解或矛盾（如排队纠纷、对环保政策的质疑），避免负面舆论扩散。

（五）积累实践经验，优化未来宣教活动

数据收集：通过现场签到、互动参与率、问卷调查等实时数据记录，为后续效果评估提供依据。

问题总结：如发现某环节参与者流失率高、某项互动形式吸引力不足，可在未来活

动中针对性改进。

模式复制推广：成功的管理经验（如社区环保市集的组织模式、学校宣讲的互动设计）可提炼为标准化流程，用于其他地区或同类项目的快速复制。

（六）放大社会影响力，推动行为改变

媒体传播素材：通过高质量的现场管理（如井然有序的活动画面、参与者热情互动的影像），吸引媒体报道或自媒体传播，扩大环保倡导的覆盖面。

行为示范效应：例如，活动中通过志愿者引导垃圾分类、低碳饮食体验等实践，让参与者亲身体验环保行为的可行性，促使其在日常生活中效仿。

社区动员作用：在社区活动中，良好的现场管理能激发居民的主人翁意识，推动后续环保行动（如成立环保志愿小组、发起垃圾分类倡议）。

现场管理是环境宣教从“纸面策划”到“实际成效”的关键转化环节。它不仅关乎活动本身的成败，更通过细节设计、风险把控和参与者体验优化，将环保理念转化为可感知、可参与、可传播的实践场景，最终推动公众从“认知”到“认同”再到“行动”的递进式改变。忽视现场管理，可能导致活动流于形式，削弱宣教效果；而科学高效的管理则能最大化环保倡导的社会价值。

二、环境宣教活动的现场管理方法

（一）前期准备

1. 明确活动目标

确定主题：根据当前环境问题或热点（如垃圾分类、节能减排等）确定活动主题。

设定目标：明确活动要达成的具体目标，如提升公众环保意识、推广环保行为等。

目标人群：确定活动的主要参与者（如学生、社区居民、企业员工等），以便设计针对性内容。

2. 制订活动计划

活动形式：确定活动形式（如讲座、展览、互动游戏、户外实践等）。

时间地点：选择合适的时间和场地，确保场地容量、交通便利性和安全性。

流程设计：制定详细的活动流程，包括开场、主体环节、互动环节和结束环节。

应急预案：制定应急预案，包括突发天气、设备故障、人员安全等问题的处理方案。

3. 资源准备

物资准备：准备宣传资料（如海报、手册、展板）、互动道具、音响设备、投影仪等。

人员安排：明确工作人员和志愿者的分工，包括签到、引导、讲解、秩序维护等。

宣传推广：通过社交媒体、海报、邮件等方式提前宣传活动，吸引参与者。

4．场地布置

功能区划分：根据活动需求划分功能区，如签到区、展示区、互动区、休息区等。

安全检查：检查场地安全性，确保消防通道畅通、设备运行正常。

环保布置：使用环保材料布置场地，减少一次性物品的使用。

（二）现场管理

1．签到与引导

签到管理：设置签到处，安排专人负责签到并分发活动资料（如手册、纪念品）。

引导入场：安排志愿者引导参与者入场，确保有序就座或参与活动。

2．活动流程控制

时间管理：严格按照活动流程控制时间，确保每个环节按时进行。

秩序维护：安排专人维持现场秩序，避免拥挤或混乱。

互动环节管理：在互动环节中，确保参与者有序参与，避免争抢或冲突。

3．宣传与讲解

现场讲解：安排专业讲解员或环保专家进行主题讲解，确保内容通俗易懂。

宣传展示：通过展板、视频、实物展示等方式增强宣传效果。

互动体验：设计互动环节（如环保知识问答、垃圾分类游戏等），提高参与者的兴趣和参与度。

4．安全保障

安全巡查：安排专人巡查场地，及时发现并处理安全隐患。

急救措施：准备急救箱，安排急救人员，确保突发情况能及时处理。

应急预案执行：如遇突发情况（如天气变化、设备故障），立即启动应急预案。

（三）宣传与传播

1．现场宣传

视觉宣传：通过横幅、海报、展板等营造浓厚的环保氛围。

媒体宣传：邀请媒体记者到场报道，扩大活动影响力。

实时互动：利用社交媒体平台（如微博、微信）实时发布活动动态，鼓励参与者分享。

2．后期宣传

活动总结报道：活动结束后，通过新闻稿、公众号推文等方式进行总结报道。

影像资料整理：整理活动照片、视频等资料，制作宣传片或纪念册。

（四）后期跟进

1. 资料整理

活动总结报告：撰写活动总结报告，记录活动过程、成果和不足。

资料归档：整理活动照片、视频、问卷等资料，归档保存。

2. 持续宣传

社交媒体推广：活动结束后，继续通过社交媒体发布相关内容，保持热度。

媒体报道跟进：与媒体保持联系，确保活动报道及时发布。

3. 参与者跟进

建立联系：通过邮件或社交媒体与参与者保持联系，定期推送环保资讯。

推动行动：鼓励参与者将环保理念转化为实际行动（如参与环保志愿活动）。

（五）环保措施

1. 减少废弃物

使用环保材料：尽量使用可回收或可重复使用的材料。

减少一次性物品：避免使用一次性餐具、塑料袋等。

2. 垃圾分类

设置分类垃圾桶：在活动现场设置分类垃圾桶，引导参与者正确分类垃圾。

垃圾清理：活动结束后，及时清理场地，确保无垃圾遗留。

3. 低碳出行

鼓励绿色出行：建议参与者选择公共交通、骑行或拼车前往活动现场。

碳足迹计算：计算活动产生的碳排放，并通过植树等方式进行抵消。

三、环境宣教活动现场注意事项

举行一次活动需要付出很多的心血，而且每一次的活动可能都直接影响宣传效果，所以，相关部门或公司在开展环境宣教活动之前，一定要仔细斟酌，避免活动中出现较大的纰漏。在进行环境活动宣传的时候，需要注意以下几个方面。

（一）加大宣传力度，实现有效资源互换

在开展相关宣传活动的时候，负责人需要考虑不同类型的免费宣传模式，也就是利用公众号、微博、网站等一切可以免费宣传的模式来进行宣传，这样效果更好，还可以为活动吸引到不少的流量和粉丝。如果是在线下城市开展环境相关的宣传活动，同样也可以邀请一些媒体来帮忙进行报道。

（二）工作方式结合很关键

活动宣传只是单一进行其实效果并不是很好，尤其是面对不同行业的人民群众，如果只是通过网络来宣传，可能有一些不太关注微信公众号，或者是不注意相关媒体网站的公众就很难知道。所以策划人员要将不同的宣传方式进行融合，如传统媒体和新媒体相结合，全方位开展宣教活动。有很多网络大 V 也都承接宣传方面的工作，只要是能够做好适合的推广，宣传效果也不错。

（三）随时关注数据和反馈

做活动宣传的时候，必须要随时关注相关数据，尤其是网络上的数据分析，这是宣传活动最真实的反馈。同时，工作人员还要留意人民群众提出的相关意见，耐心解答疑问，并做好记录工作。这样才能保证下一次宣传活动会更成功。

四、环境宣教活动现场管理实例

本节以某学校举办环境宣教活动为例，详细解析现场活动中可能遇到的一系列问题。

（一）环境宣教活动的前期准备工作

1）前期广告宣传情况（提前数天在当地媒体做广告，提前向用户通知等）；

2）活动当天参加人数多少（如果人数过多或过少的应对机制）；

3）工作人员的安排是否到位（每个人负责工作的安排情况）；

4）小礼品的发放准备（准备什么样的礼品，活动当天如何发放）；

5）主持人的安排（活动当天举行什么类型的娱乐助兴表演、现场进行宣传文稿的准备）；

6）活动现场的安排（拱门、横幅、刀旗、挂画及宣传资料的准备）；

7）与政府有关部门的协调（城管、交警不要在活动时干涉），巡游车队路线的安排（起到宣传效果，避免不必要的麻烦）；

8）对参加活动的用户如何奖励（是资金奖励还是燃油补偿）；

9）出现意外情况的应对办法。

（二）环境宣教活动的现场准备工作

1）举办相关活动追求的是效果和人气，但由于现场人多且杂，活动方必须考虑周全；

2）活动现场节奏的控制（通过节目表演避免参与者提前离开）；

3）活动现场秩序的维持（避免因拥挤造成意外的发生）；

4）工作人员的统一服装（避免人员识别不清，并影响活动整体形象）；

5）展台、展车及电器有专人负责（避免疏忽造成财产损失或人员伤害）；

6）主持人及演员的安排（提供更衣室、休息间）；

7）搭建的表演台的使用（安全牢固第一）；

8）组织参与者进行活动互动（要不要事先安排人员）；

9）现场活动时间安排（如活动进行时间表）。

（三）环境宣教活动现场流程

1）确定活动主题与活动形式；

2）拟写活动策划书；

3）提交给学生会分管副主席进行审核；

4）提交给团委指导老师进行审核；

5）批准后将活动计划书交给秘书处备案，并进行筹备；

6）执行活动计划；

7）完成活动总结；

8）将所有活动材料交给学生会主席及分管副主席进行审核；

9）提交至团委指导老师和秘书处备案。

需要注意的是，各部门干事在举办活动中如有任何疑问应及时请教各部门部长，各部门部长应负责及时解答。如部长也不清楚可向团委指导老师或主席及分管副主席咨询，切勿盲目从事。

（四）环境宣教现场细节分析

1．如何确定活动主题

活动主题与活动形式的选定可以自由发挥，合理合法积极向上即可。也可以依照临近的节日进行开展。且干事们应具有警觉性，如六五环境日、世界地球日等一些具有重大意义的节日或纪念日，干事们应自发地开展活动。

2．活动的主题是否越大越好

不是，活动的主题应从小方面着手，从贴近学生生活的方面入手。

3．如何确定活动的形式

活动的形式应贴近生活，容易实现。其次还要具有一定的创新，避免雷同，提高这个活动的参与度。最后还应考虑经费问题，就是如何用最少的钱实现最好的效果。

4．活动计划应包括什么基本内容

活动计划包括活动背景、活动主题、活动形式、活动时间、活动地点、参与者、组

织者、活动意义、活动内容、活动的具体流程与详细安排，有的还包括奖项设置活动经费的预算明细等。其中活动的意义与活动的具体流程和详细安排是重点部分。要求语言简练。

5．场地申请表如何填写

场地使用申请表填写时申请院系部门因填写为“学生会××部”；预估人数；使用时间应具体到分钟，如“2023 年 3 月 12 日 17:00—20:30”，使用地点应具体到教室号，如“202 教室”。使用内容只要写一个活动的名称即可，如果要使用多媒体设备，需要注明“需要使用多媒体设备”；经办人签自己的名字，其他都不需要填写。提交申请书需要打印出来使用黑色水笔填写，另外还需要同时提交一份活动计划。

6．活动的经费预算如何填写

活动的经费预算应该合情合理，且用表格的形式在计划书上列出具体的开销。填写前，应先去市场了解相关商品的价格信息，且应提交给相关指导老师，经同意后才能购买相关材料。否则一切开销自己承担。购买时先自己支付后凭发票进行报销（实报实销、专款专用）。

7．关于发票

在经批准后，按照计划书上所写内容，去市场购买相关材料。应要求商家开具正规发票，且在发票上标出所买商品的明细，不能笼统概括为文具或者食品之类的项目。如果发票上的商品的种类过多不能依次在发票上表示，则要求商家开出产品明细清单，且在明细单上加盖商家的“发票专用章”或者“财务专用章”（椭圆形）。否则不能报销的经费自付。

8．报销时的注意事项有什么

不能开具定额发票，因为不正规发票较多。购买时应选择大型商家，减少不正规发票风险。结账前也应先问清楚能不能开具正规发票，避免不必要的纠纷。且注意一个原则，实报实销，专款专用。

9．写活动计划应注意什么

写活动计划前应先与部门内的干事以及部长合作讨论，避免走弯路。写完活动计划后应提交给学生会分管副主席进行审核，待同意后方可提交给团委指导老师，不得越级上报。最终批准后交至秘书处备案后，即可开展活动。

10．关于活动的举办

活动的举办应按照活动计划书上所述内容进行，如果部门干事人数不足，可以向部长提出，请其他部门的干事一起帮助完成。活动举办的过程中安全第一。部长应在活动部门中起到监督作用，如果出现问题，部长为第一负责人。应对整个事件负责。活动期间，分管副主席必须到场。

11．如何邀请其他的同学或者老师参加

邀请其他的同学参加，可以以海报的方式直接招募，也可以以学生会的名义进行邀请，但是以学生会的名义进行邀请，必须和学生会的主席提前说明，由学生会主席出面协调。如果邀请老师参加应该先和团委指导老师提前提出，否则有失礼仪。

12．如何书写活动总结

活动总结应包括活动举办的概况、感受、意义、成功和不足之处，以及今后要是再次举办此类活动需要改进的地方。其中前三点是重点要写的部分。在活动总结的最后附上活动举办时精彩的照片。如果有人获奖还要附上获奖的名单，包括奖项、姓名、所在班级。

13．关于照片的记录

举办的活动一般都需要记录活动当时的照片，可以在举办活动之前和秘书处申请，请秘书部的人参与活动的拍照工作，也可以自己使用相机进行记录，使用过程中应注意财物的安全。照片经整理后应该随活动总结一起上交。

14．一个活动如何收尾

举办完一个活动应该及时进行新闻宣传，至少要在团学网站、官方微博等上发布宣传信息，要求发布时间不得超过活动结束后 2 天。活动结束之后，由举办活动部门将新闻稿写好，交予相关负责人进行审核，审核通过之后，公布宣传。书写“活动总结”，最迟不超过 3 天，提交时应先交给学生会主席进行审核，再交给团委指导老师，最后交给秘书处备份保存。

思考题

1. 环境宣教活动运营管理的方法是什么？
2. 开展环境宣教活动时，进度及时间要如何安排？有哪些注意事项？
3. 环境宣教活动现场管理过程中有什么风险？

参考文献

[1] 国家环境保护局宣传教育司. 中国的环境宣传[M]. 北京：中国环境科学出版社，1992.

[2] 迟学芳，叶平. 从绿色大学运动到全国环境宣传教育[M]. 北京：中国环境出版集团，2018.

[3] 宋庆启. 兴绿文荟——徐州市环境宣传教育工作巡礼[M]. 北京：中国环境科学出版社，1999.

[4] 中国环境科学学会. 环境健康素养科普宣传册[M]. 北京：化学工业出版社，2018.

[5] 李佩，张璐璐. 新媒体环境下党的宣传机制扁平化研究[M]. 北京：社会科学文献出版社，2022.

[6] 环境保护部宣传教育司. “十二五”时期环境宣传教育文件汇编 2011—2015 年[M]. 北京：中国环境出版社，2016.

[7] 国家环境保护总局宣传教育司. 环境宣传教育文献汇编 2001—2005 年[M]. 北京：中国环境科学出版社，2006.

[8] 廖成中，唐良虎，雷于佳. 美丽四川环境保护法治教育宣传读本[M]. 成都：四川科学技术出版社，2018.

[9] 上海市环境保护宣传教育中心，邓文剑，何云程，陆林森. 环境保护宣传指南[M]. 上海：上海科学普及出版社，1991.

[10] 朱胜利，胡若佳. 环境保护宣传美术图册[M]. 北京：中国环境科学出版社，1991.

[11] 中国环境新闻工作者协会. 环境与生命“箭牌杯”首届全国环保宣传画大赛作品选中英文本[M]. 北京：中国环境科学出版社，2002.

[12] 高德，苏和. 环境保护宣传手册[M]. 成都：四川科学技术出版社，1989.

[13] 中国环境新闻工作者协会. 环境警示教育宣传图片[M]. 北京：中国青年出版社，2001.

[14] 王树义. 环境法制宣传以案说法执法人员读本[M]. 北京：中国社会科学出版社，2015.

[15] 王树义. 环境法制宣传以案说法企业读本[M]. 北京：中国社会科学出版社，2014.

[16] 崔建国. 维护内蒙古环境安全宣传手册[M]. 北京：中国农业出版社，2006.

[17] 刘东晓，郑婷，陈辛，等. 浅析我国生态环境宣传教育现状[J]. 环境教育，2023（4）：48-51.

[18] 李燕美. 生态文明环境宣传工作的策略[J]. 皮革制作与环保科技，2021，2（8）：37-38.

[19] 战宇飞. 新媒体在生态环境宣传教育中的应用分析[J]. 消费导刊，2021（25）：101.

[20] 刘方昊. 融媒体视角下推进生态环境宣传工作探索[J]. 新闻研究导刊，2021，12（20）：166-168.

[21] 王曦峰. 新时代做好环境宣传教育工作的思考[J]. 成长，2021（8）：8.

[22] 吕佳芮. 浅谈新形势下环境宣传教育工作的思考[J]. 皮革制作与环保科技，2021，2（7）：127-128.

[23] 邵晓梅. 环境宣传在环境执法管理中的重要性分析[J]. 华东科技（综合），2021（5）：218.

[24] 孙美霞. 烟台海阳：把生态环境宣传刻在“骨子里”[J]. 环境教育，2021（5）：60-61.

[25] 李薇. 加强基层生态环境宣传教育工作的几点思考[J]. 文渊（中学版），2021（5）：853.

[26] 王思力. 新形势下环境宣传教育工作的思考[J]. 中文科技期刊数据库（全文版）工程技术，2021（2）：245，247.

[27] 施旭，陈瑞珂. 城市投资环境宣传片的话语研究——以杭州为例[J]. 浙江传媒学院学报，2021，28（1）：2-9，120.

[28] 刘茂震. 山东省生态环境宣传教育工作驶入快车道[J]. 环境教育，2020（C1）：32-34.

[29] 姜雅雯. 加强环境宣传教育提高公众环保意识的对策分析[J]. 区域治理，2020（38）：35.

[30] 计韦杰. 浅谈新媒体在环境宣传教育工作中的作用[J]. 新教育时代电子杂志（学生版），2020（10）：258.